■ 各作品記號圖的相關說明

* 織法的記號圖全是從作品的正面繪製的。
* 幾乎每個花樣織片都是從寫有「圈」的中央，或是由鎖針鉤織出的圈的中央開始鉤織的。
* 每 1 段的最後鉤織處需鉤引拔針做固定後，再繼續鉤以後的每一段。
* 幾乎每個花樣織片都是以逆時針方向鉤織。

■ 花樣的鉤法與拼接方法

* 幾乎所有的花樣織片都是先鉤完 1 片後，再與第 2 片的最終段作拼接。
* 另外也可以將需要的花樣織片鉤完後，再將所有的織片拼接起來。
* 拼接織片時，需照○裡的數字依序鉤織。
* 拼接數個邊時，最後的那一個邊為最後鉤織處。
* 每片花樣織片都要處理線頭，但是起針的線需拉緊後再作處理，將鎖針的線頭包夾住
  再鉤織就會很輕鬆。

花樣織片的特徵

* 即使是同一張記號圖的花樣織片大小，也會因選用的毛線粗細而有不同尺寸的呈現。
  （以下圖片為實物大小）

＊工作人員
責任編輯／遠藤誠佐子
編輯・設計／石原絹子
攝影／古川秀雄（情境圖）
　　　腰塚良彥・藤田律子
　　　　　　　　（花樣織片）
版式設計／佐藤次洋
圖形繪製／大室和子

＊設計・協力製作
日本河合編織設計專門學校
KAWAI・Knit Studio
監修／河合貴代美
設計群／上野俊惠
　　　　すずき ようこ
　　　　HIROKO
　　　　藤道步實
　　　　金指純子
　　　　水野志保
　　　　吉井加奈子
　　　　くり
　　　　熊野 薰
　　　　河合貴代美

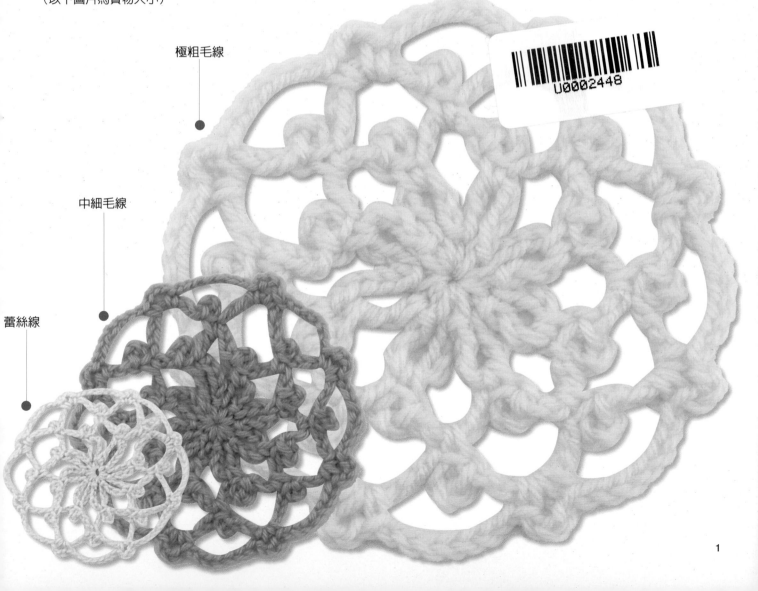

極粗毛線

中細毛線

蕾絲線

1

Round motiff

圓形織片

圓形織片最適合作成各種墊子或杯墊。
搭配各種場景,做成餐桌上的餐墊或裝飾用的小物,
皆可充份享受編織小物的樂趣。

no.1

桌上裝飾墊

本作品是由中細毛線鉤織的 6 片圓形織片組合而成的,是個可置於桌面中央的精緻桌墊。可將圓形織片中央的花樣鉤入各個圓形織片間的空隙中,最外圈再以滾邊提高作品的完成度,是一件極具溫馨感的編織作品。

單 色

no.1

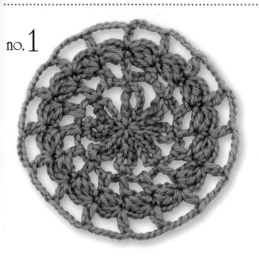

桌上裝飾墊

材料…日本 HAMANAKA 純毛中細線（40g 線團‧約 160m）
　　　　土黃色（4）20g
工具…日本 HAMANAKA 樂樂單頭鉤針（金屬製）3/0 號
完成尺寸…寬 19cm 長 27.5cm
編織重點…使用 1 條線鉤織。

◎ 織片 A 是先做用線捲 2 圈的起針圈（參見 P.62），接著順著起針圈以重覆 8
　 次「1 短針、11 針的鎖針」鉤織第 1 段，而第 2～5 段請參考圖示，鉤成圓形。
　 從第 2 片織片開始，一邊鉤織織片的最終段，一邊按照○裡數字的順序，將 6
　 片織片連接起來。

◎ 接著再把織片 B 分別鉤入 6 片織片 A 接縫的空隙中。

◎ 最後在周圍鉤 1 段裝飾花邊，就算完成。

織片 A

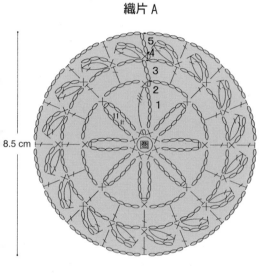

8.5 cm

織片的拼接方法

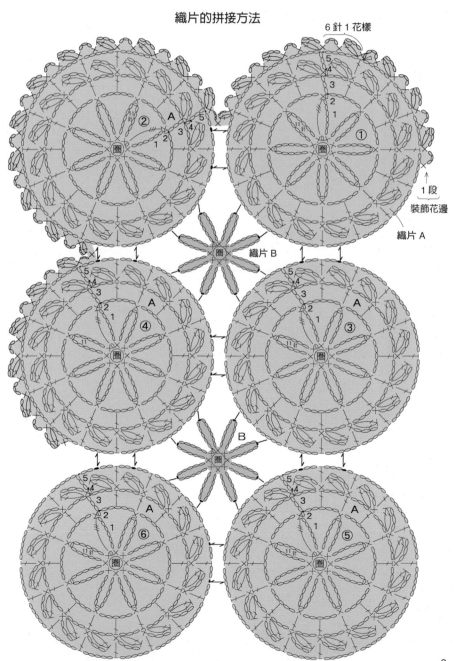

桌上裝飾墊　3/0 號針
拼接織片示意圖

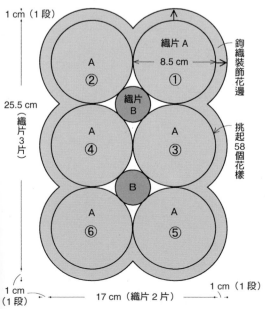

1 cm（1 段）

25.5 cm
（織片 3 片）

1 cm
（1 段）

17 cm（織片 2 片）

1 cm（1 段）

Round motiff

no.2

no.3

no.4

no.5

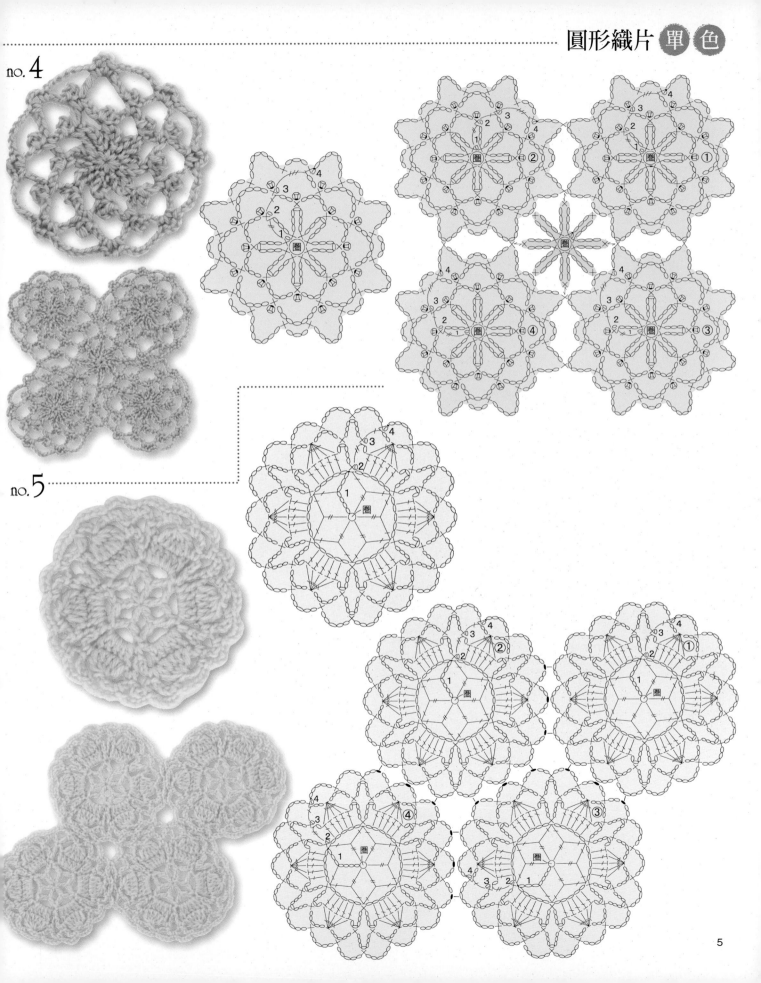

no. 6

no. 7

no.8

no.9

no.10

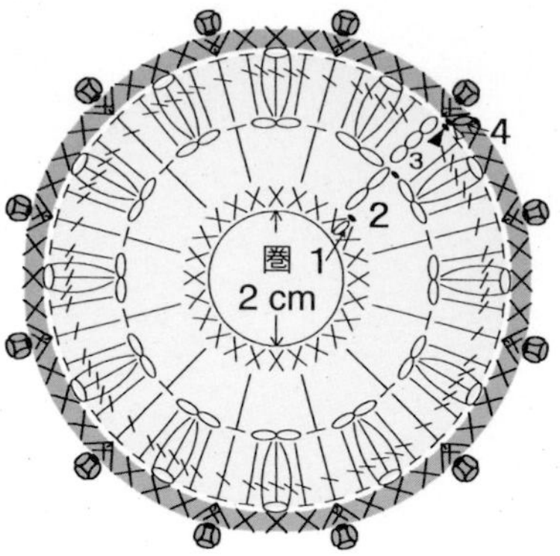

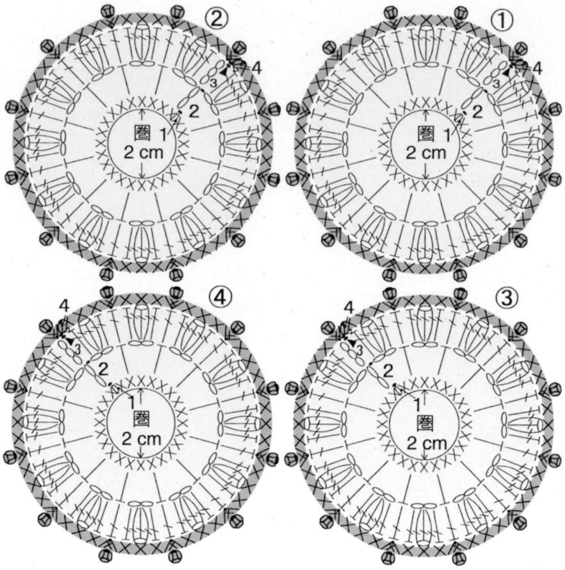

配色
第4段 --- 紅色
第3段 ---
第2段 --- } 亮米黃色
第1段 ---

◁ = 接線
◀ = 剪線

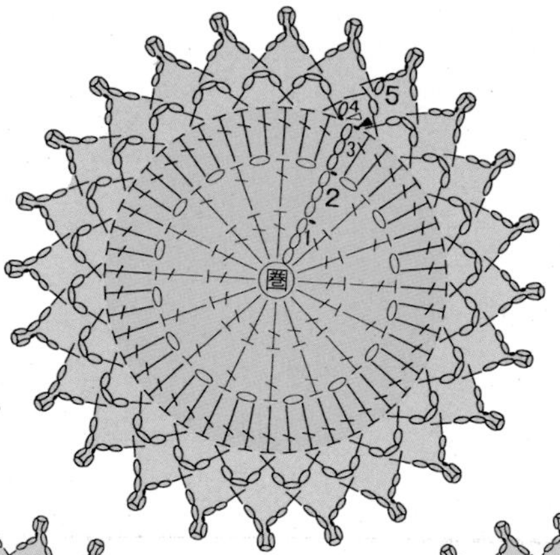

配色
第5段 --- } 鐵灰色
第4段 ---
第3段 ---
第2段 --- } 紅色
第1段 ---

no.11

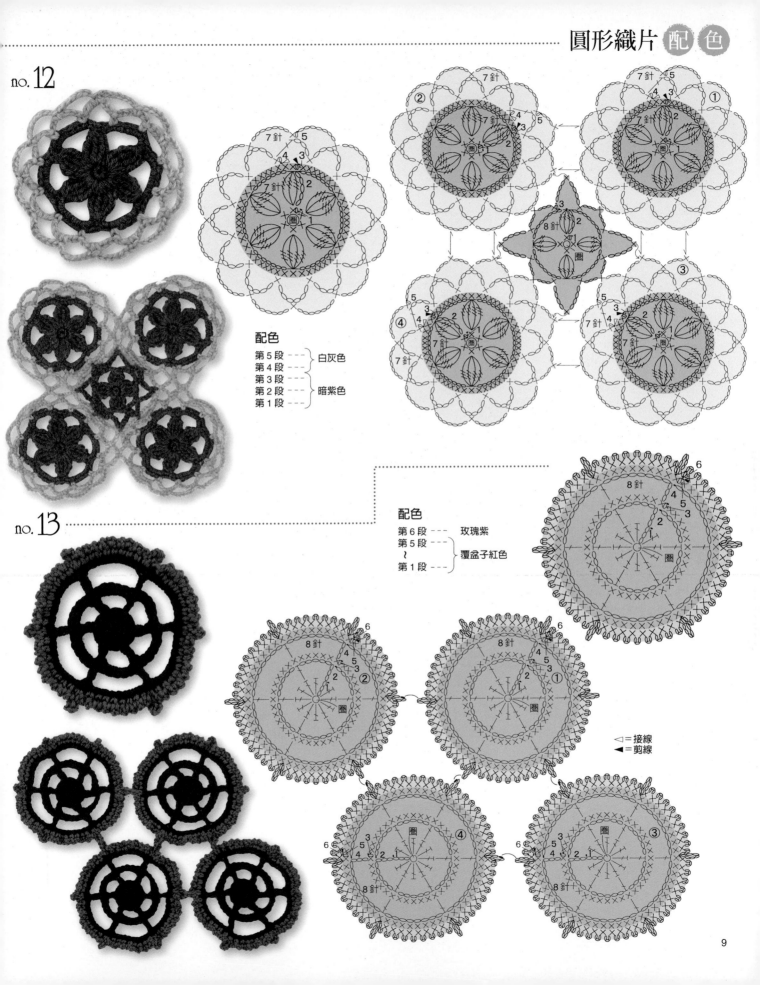

no. 12

配色

第 5 段	---	白灰色
第 4 段	---	
第 3 段	---	
第 2 段	---	暗紫色
第 1 段	---	

配色

第 6 段	---	玫瑰紫
第 5 段	---	
~		覆盆子紅色
第 1 段	---	

no. 13

◁ ＝接線
◀ ＝剪線

no.14

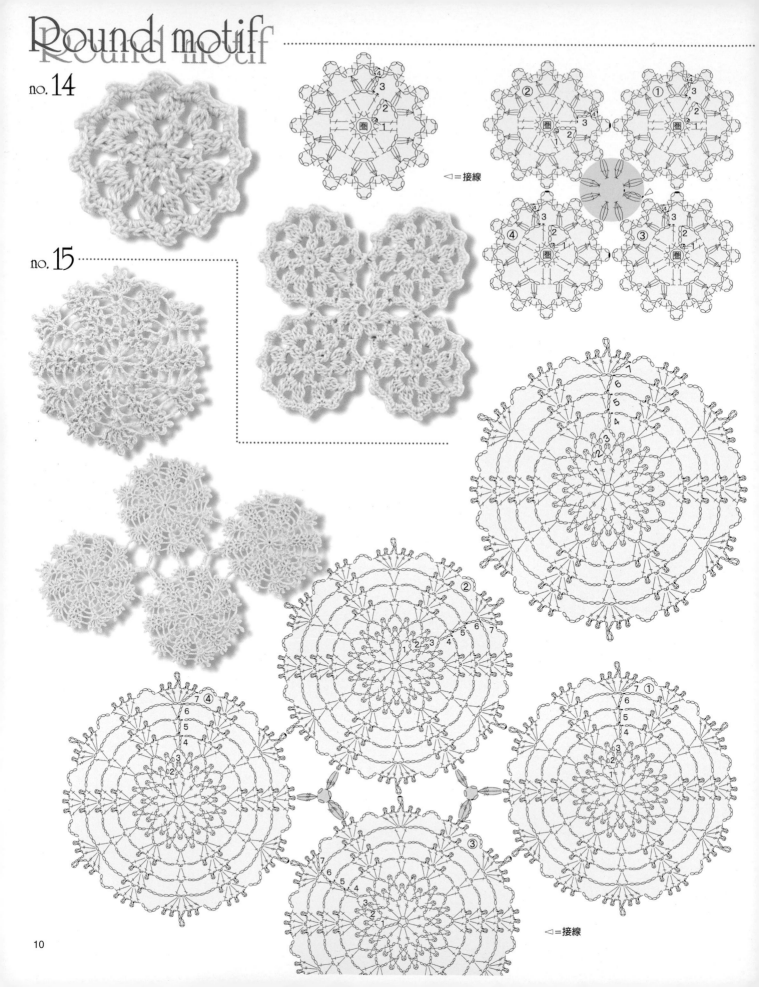

no.15

◁=接線

◁=接線

no.16

9針 7針

②

①

③

④

no.17

9針 8針 7 6 5 4 3 2 1
10針
9針 8針 7 6 5 4 3

②

①

③

④

Square motif

方形織片

利用拼接織片的基礎技法，將方形織片拼接成簡單的連環狀或寶石的形狀，創造出一件件美麗的作品。拼接織片的用途相當廣，不僅可織成衣服，也可織成流行小物或裝飾小物等，是編織技法上不可多得的珍寶。

配 色

no.18

圍巾

將 22 片使用三種顏色的方形織片拼接在一起，設計成可愛迷人的圍巾。利用暴米花狀的凹凸感，以及中細毛線的質感鉤織而成的織片，蘊釀出躍動的風貌…

no. 18

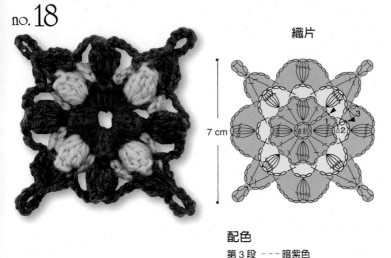

織片

7 cm

配色

第 3 段 --- 暗紫色
第 2 段 --- 淡紫色
第 1 段 --- 洋紅色

圍巾

材料…日本HAMANAKA純毛中細線（40g線團·約160m）、暗紫色（18）35g、洋紅色（9）14g、淡紫色（13）14g

工具…日本 HAMANAKA 樂樂單頭鉤針（金屬製）3/0 號

完成尺寸…寬 16cm 長 79cm

編織重點…使用 1 條線鉤織

◎ 織片是以鉤 8 鎖針為起針圈，然後第 1 段先以「1 長針、1 鎖針」開始，接著再重覆鉤 4 次「1 長針、3 鎖針、長針 5 針的玉米編、3 鎖針」形成圈，然後第 2、3 段按照圖示，以指定的配色鉤織。

◎ 第 2 片的織片開始一邊鉤織第 3 段時，一邊用引拔針將22 片織片按照圖示拼接其他織片。

◎ 整體邊緣使用暗紫色的線鉤織 1 段的裝飾花邊，就算完成。

圍巾 3/0 號針
拼接織片示意圖

◁ = 接線
◀ = 剪線

圍巾的織法
拼接織片示意圖

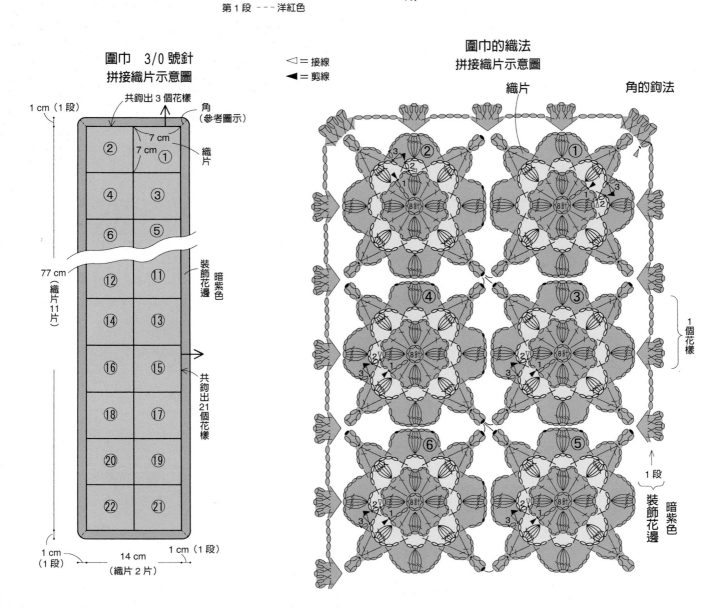

織片

角的鉤法

共鉤出 3 個花樣

角（參考圖示）

1 cm（1 段）

7 cm
7 cm

織片

② ①
④ ③
⑥ ⑤

裝飾花邊 暗紫色

77 cm
（織片11 片）

⑫ ⑪
⑭ ⑬
⑯ ⑮
⑱ ⑰
⑳ ⑲
㉒ ㉑

共鉤出21個花樣

1 cm（1 段）
14 cm（織片 2 片）
1 cm（1 段）

1 個花樣

1 段

裝飾花邊 暗紫色

Square motiff

no. 19

no. 20

no. 21

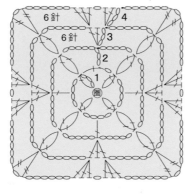

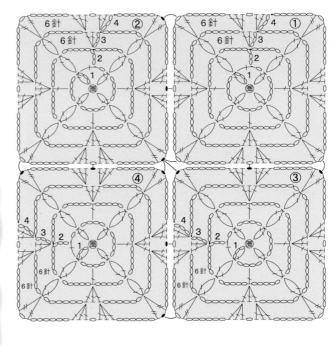

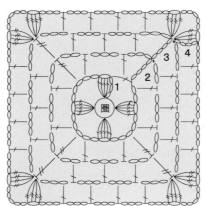

no. 22

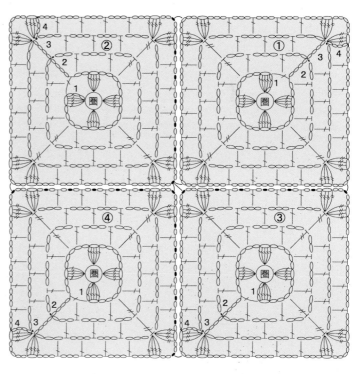

Square motiff

no.23

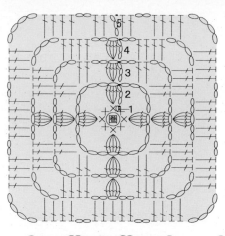

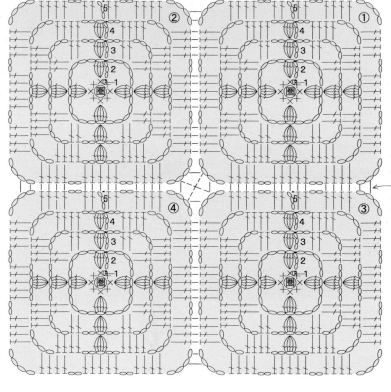

② ①

④ ③

内側半針的卷針

no.24

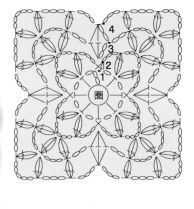

② ①

④ ③

no.25

no.26

Square motiff

no.27

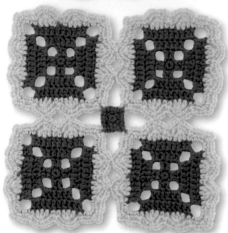

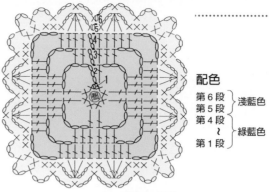

配色
第6段 淺藍色
第5段
第4段 綠藍色
～
第1段

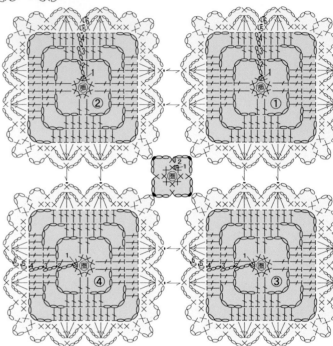

no.28

配色
A
第6段 杏黃色
第5段
第4段 鵝黃色
第3段 杏黃色
第2段 鵝黃色
第1段

B
第6段 鵝黃色
第5段
第4段 杏黃色
第3段 鵝黃色
第2段 杏黃色
第1段

no.29

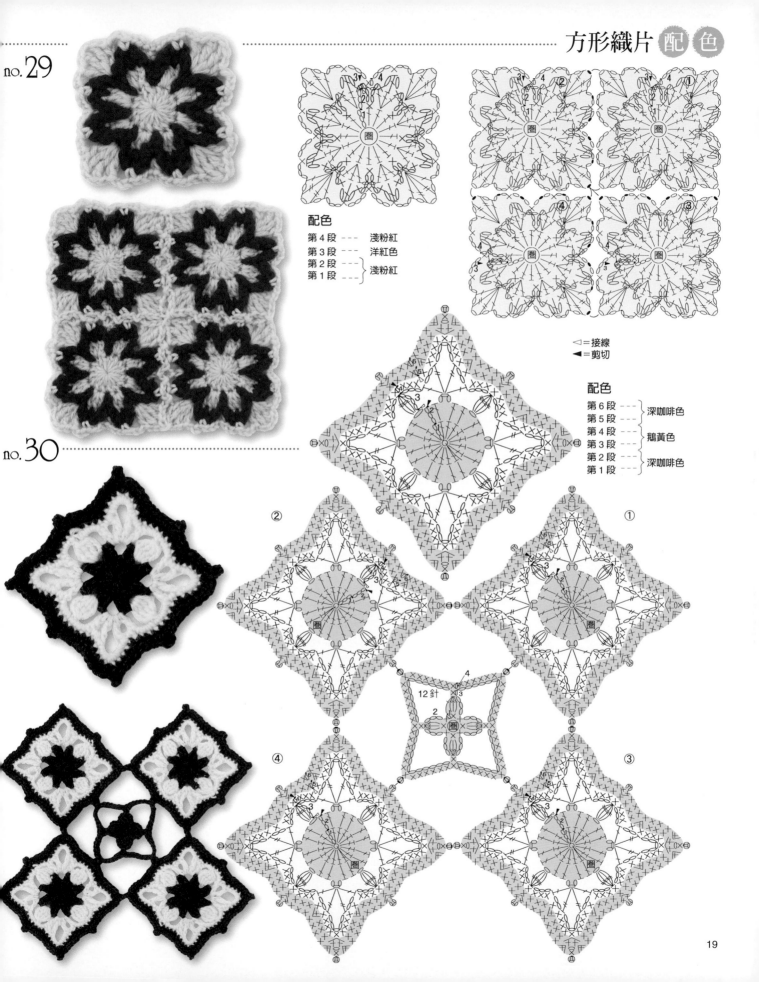

配色
第4段 --- 淺粉紅
第3段 --- 洋紅色
第2段 --- }淺粉紅
第1段 ---

◁＝接線
◀＝剪切

配色
第6段 --- 深咖啡色
第5段 --- }鵝黃色
第4段 ---
第3段 --- 深咖啡色
第2段 --- }深咖啡色
第1段 ---

no.30

12針

Square motiff

no.31

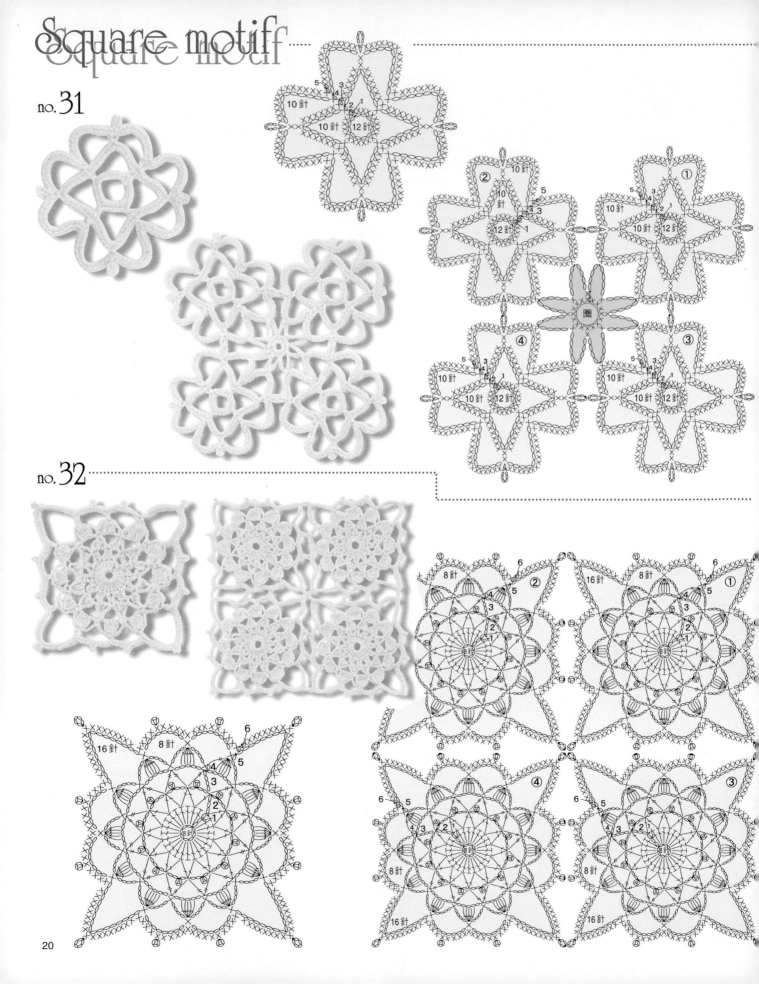

no.32

no.33

no.34

三角形織片

三角形織片做幾何圖形的組合搭配，就能呈現出煥然一新。可以織成花瓶墊或桌墊，
讓室內氣氛更添時尚。

no.35

小墊子

將 8 片三角形織片拼接起來，設
計成寶石形、具時尚感的小墊
子。在織片的最終段，用結粒針
呈現出華麗感……

no. 35

小墊子

材料…日本 HAMANAKA 純毛中細線（40g 線團·約 160m）、土黃色（4）11g
工具…日本 HAMANAKA 樂樂單頭鉤針（金屬製）3/0 號
完成尺寸…寬 18.6cm 長 31.4cm
編織重點…使用 1 條線鉤織

◎ 織片是以鉤 10 鎖針為起針圈，然後第 1 段重覆鉤 6 次「3 短針、5 鎖針」，再用引
  拔針鉤織成圈，接著再按照圖示鉤織第 2、3 段，使整體成三角形。
◎ 從第 2 片的織片開始，一邊鉤織第 3 段，再一邊與第 1 片的織片拼接在一起，按照
  圖示將 8 片織片鉤成菱形。
◎ 菱形周圍鉤織 1 段的裝飾花邊，就算完成。

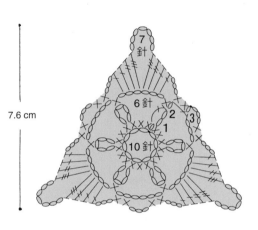

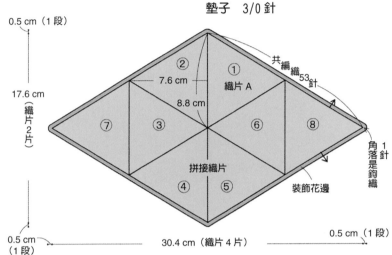

墊子　3/0 針

小墊子的織法
拼接織片示意圖

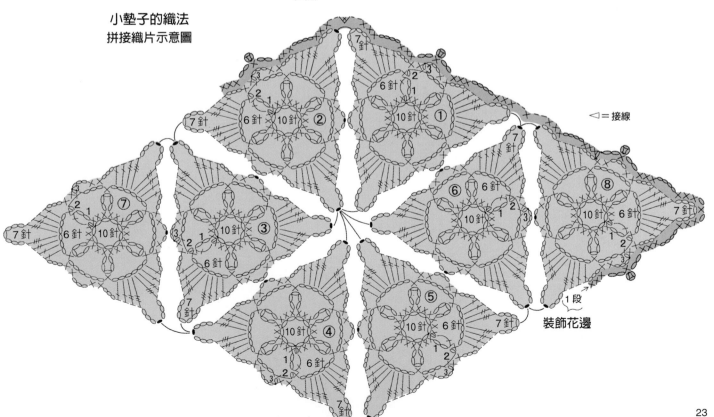

◁＝接線

Triangle motiff

no.36

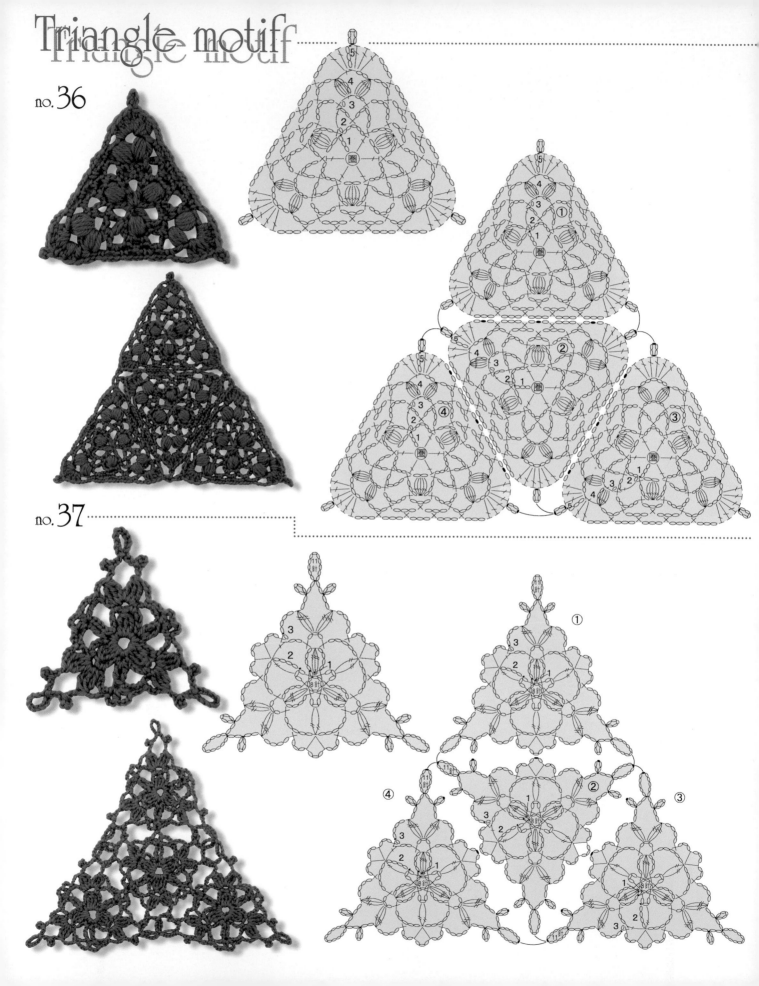

no.37

no.38

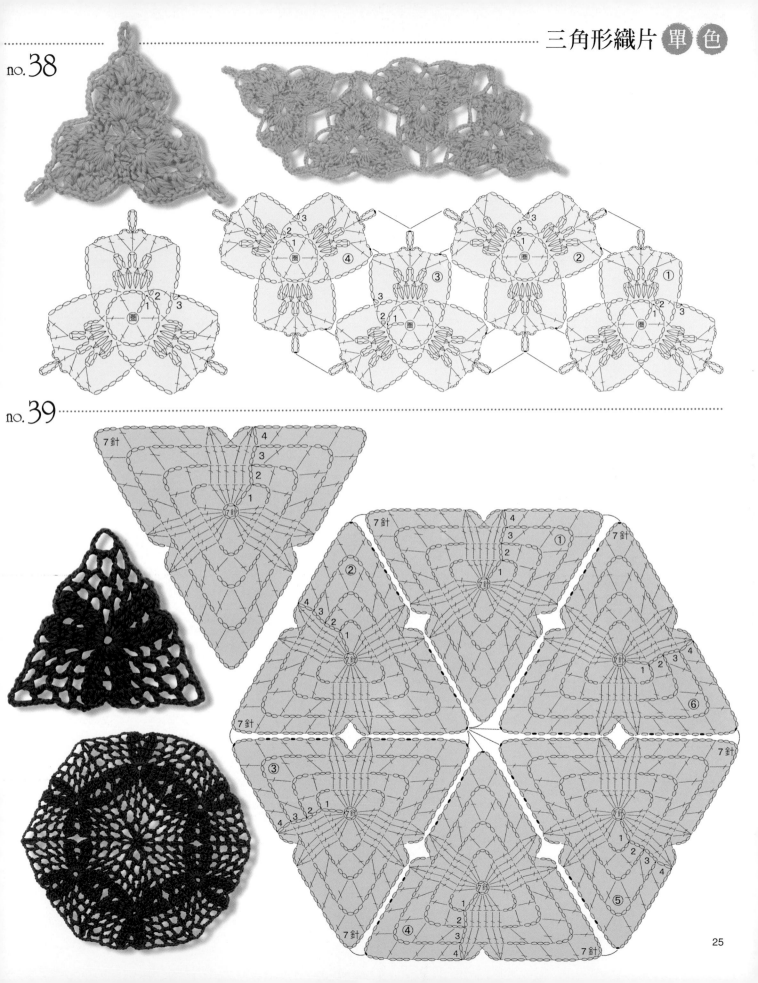

no.39

Triangle motiff

no. 40

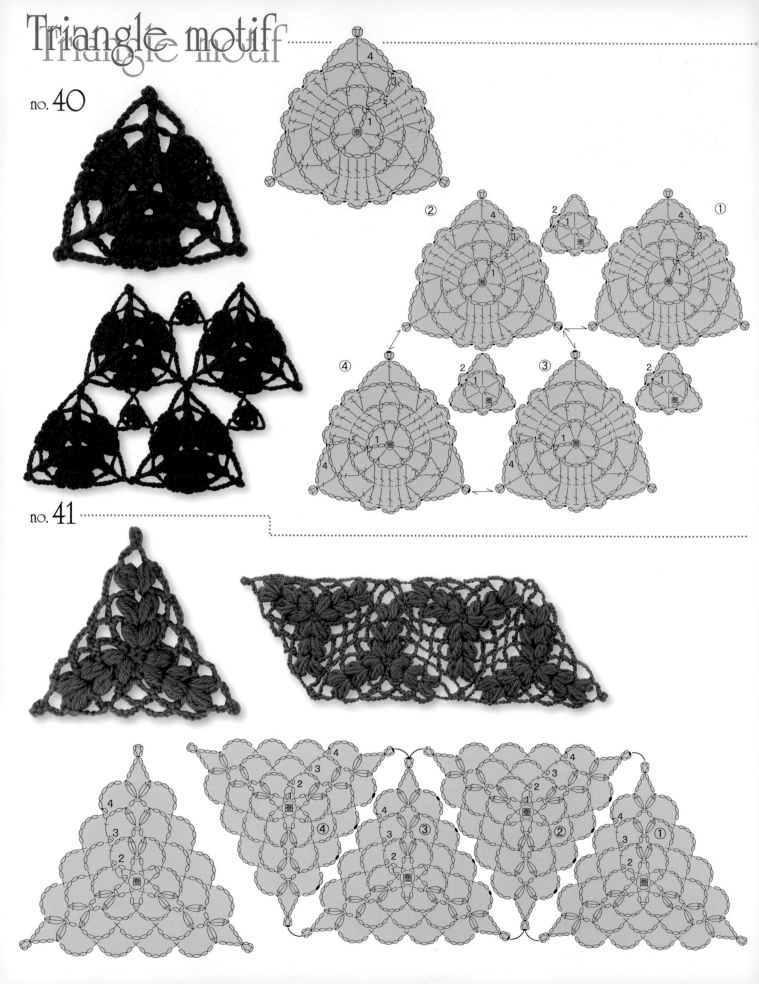

no. 41

no.42

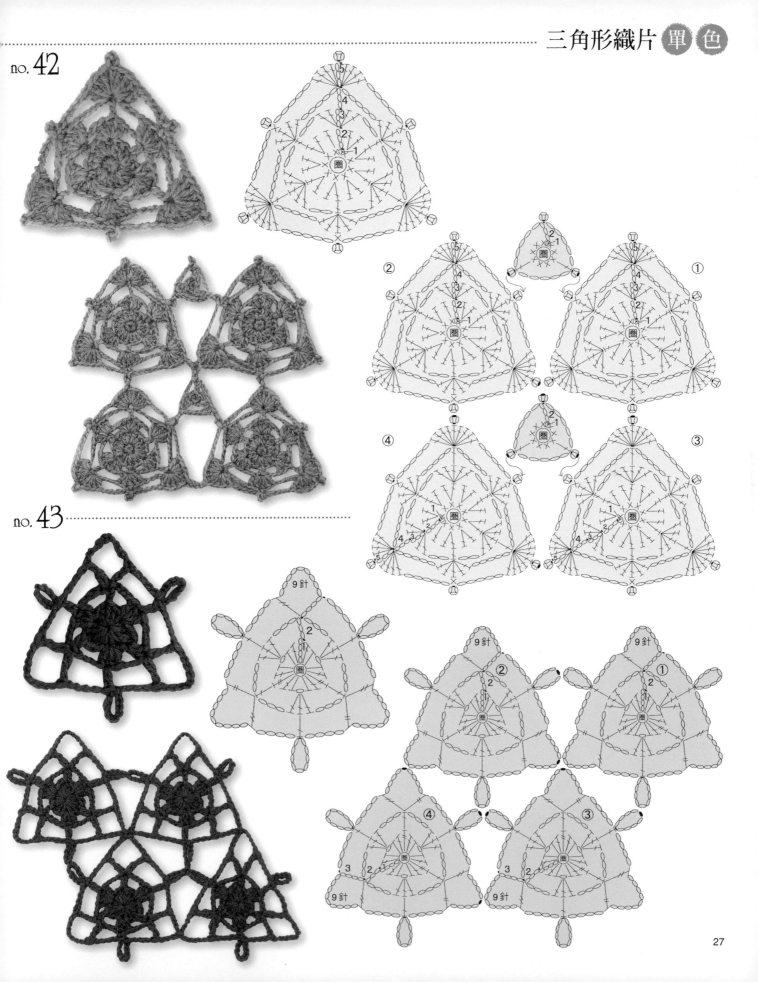

no.43

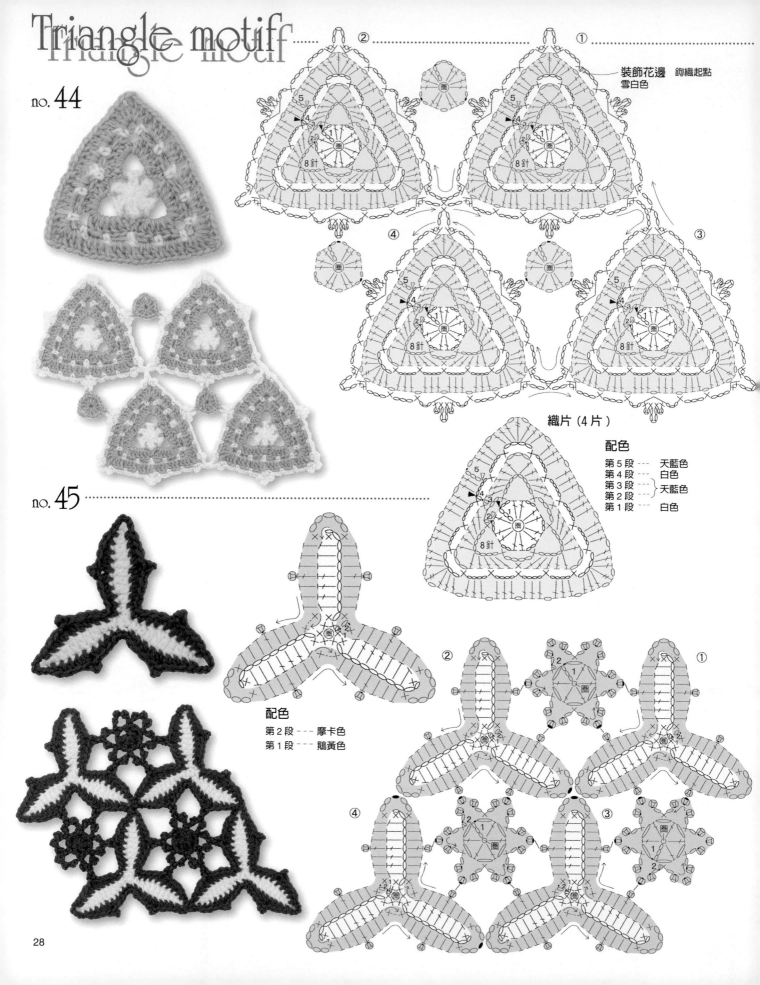

Triangle motiff

no.44

no.45

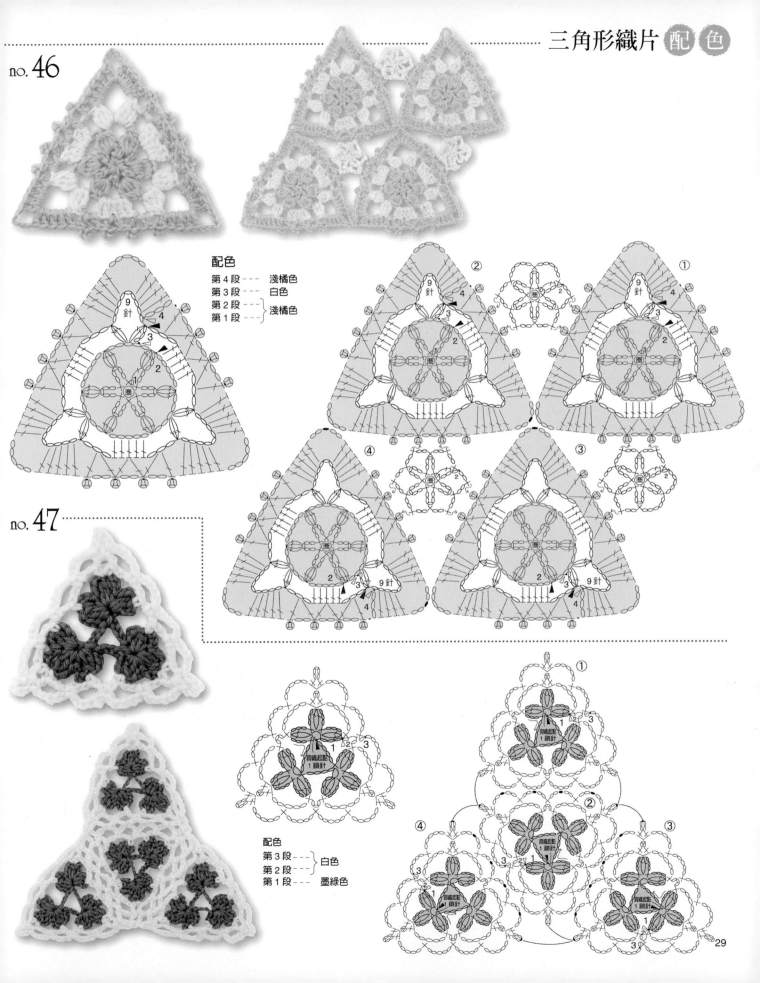

no. 46

配色
第 4 段 --- 淺橘色
第 3 段 --- 白色
第 2 段 ﹜淺橘色
第 1 段 ﹜淺橘色

no. 47

配色
第 3 段 ﹜白色
第 2 段 ﹜白色
第 1 段 --- 墨綠色

no.48

no.49

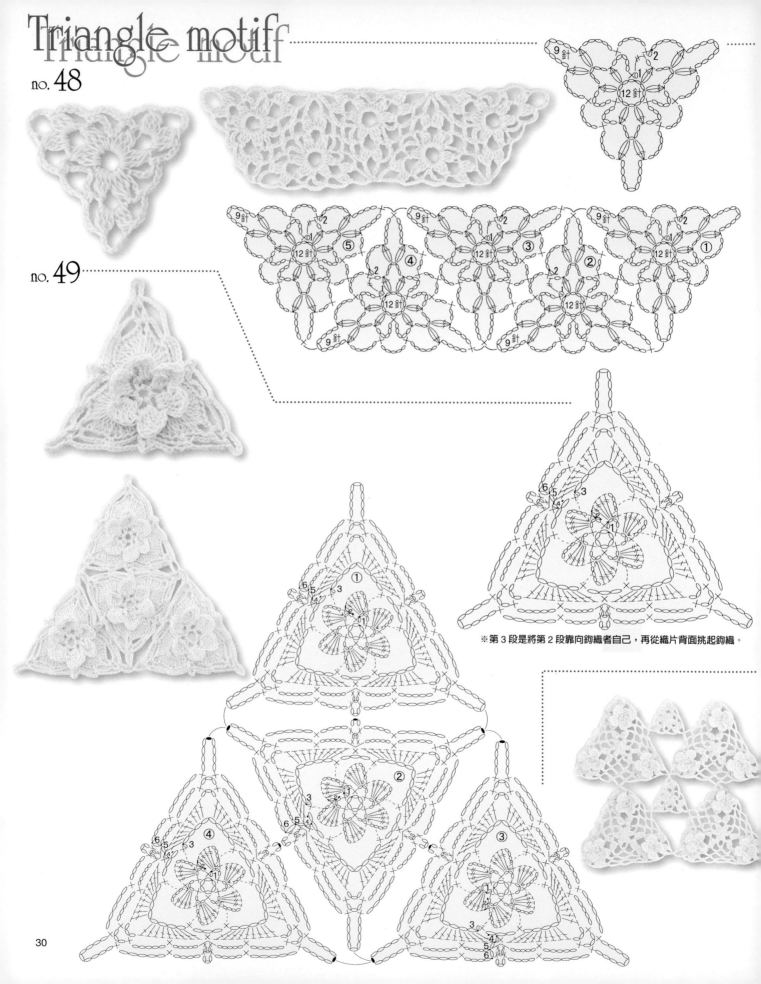

※第3段是將第2段靠向鉤織者自己，再從織片背面挑起鉤織。

no.50

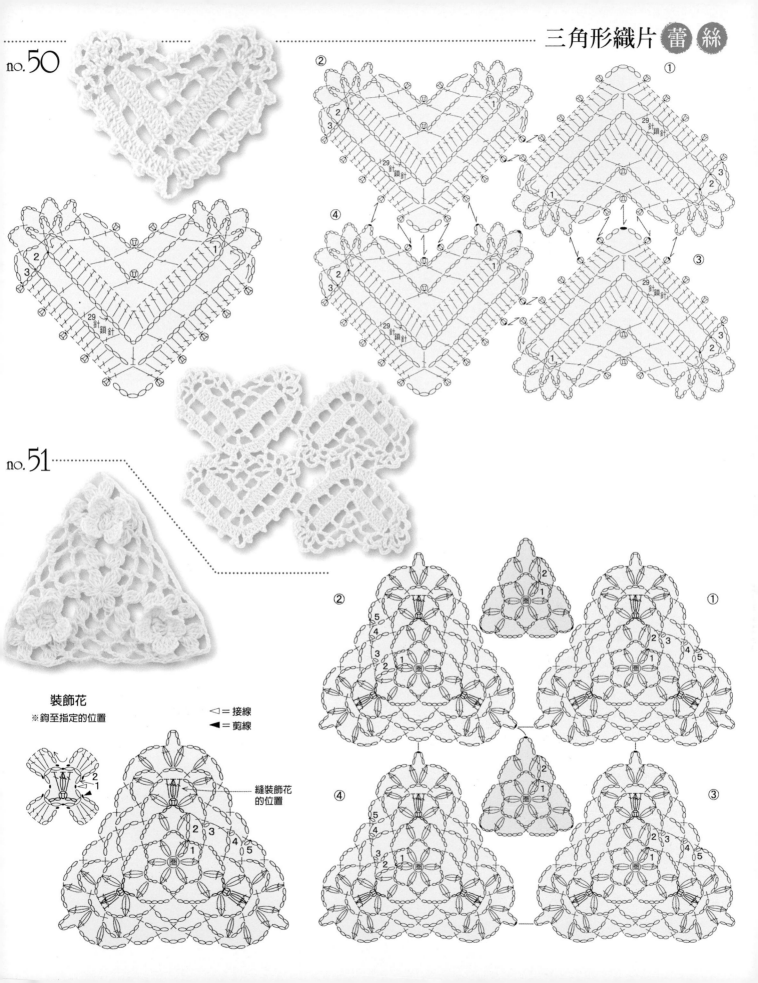

no.51

装飾花
※鉤至指定的位置

◁ = 接線
◀ = 剪線

縫裝飾花
的位置

Hexagon motif

六角形織片

六角形織片不但可以讓你享受到拼接織片的樂趣，且不容易產生空隙，不只經常被使用於編織小物，也常在衣服的設計上出現。

no.52

蕾絲墊

將 19 片六角形織片拼接起來，設計成浪漫的蕾絲墊。由蕾絲線鉤織而成的作品，頗有古典蕾絲墊風格。

no.52

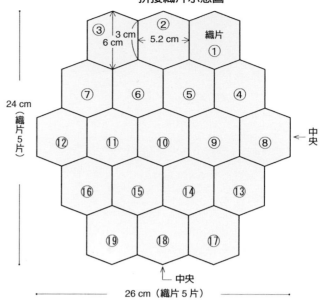

蕾絲墊　2號蕾絲針
拼接織片示意圖

蕾絲墊

材料…日本 HAMANAKA PAUME ＜純棉＞蕾絲線（25g 線團·
約 209m）、原色（101）15g

工具…日本 HAMANAKA 樂樂蕾絲針 2 號

完成尺寸…寬 26cm 長 24cm

編織重點…使用 1 條線鉤織

◎ 織片是先作成起針圈，然後開始鉤第 1 段，第 1 段在起針圈裡
　鉤 12 針的中長針，再鉤引拔針做成圈，之後的第 2～4 段請
　按照圖示鉤織。

◎ 從第 2 片織片開始，一邊鉤第 4 段的結粒針，一邊依照○裡數
　字的順序拼接，共拼接 19 片的織片。

織片

蕾絲墊的織法
拼接織片

中央

33

Hexagon motiff

no.53

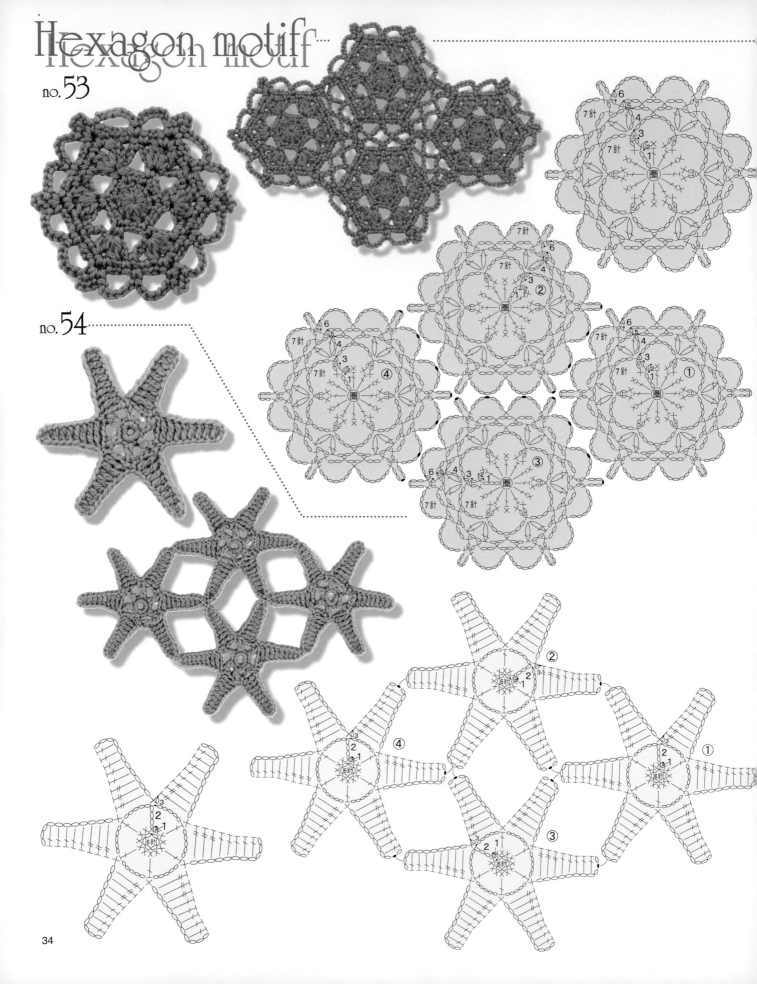

no.54

no.55

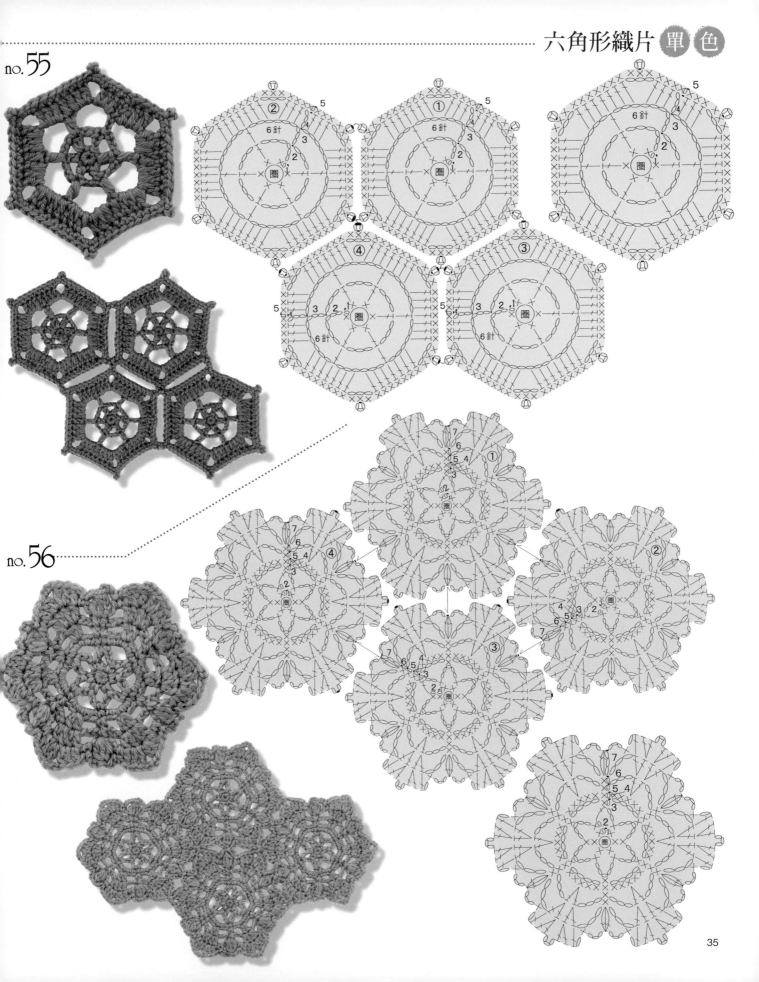

no.56

Hexagon motiff

Hexagon motiff

no.57

no.58

no.59

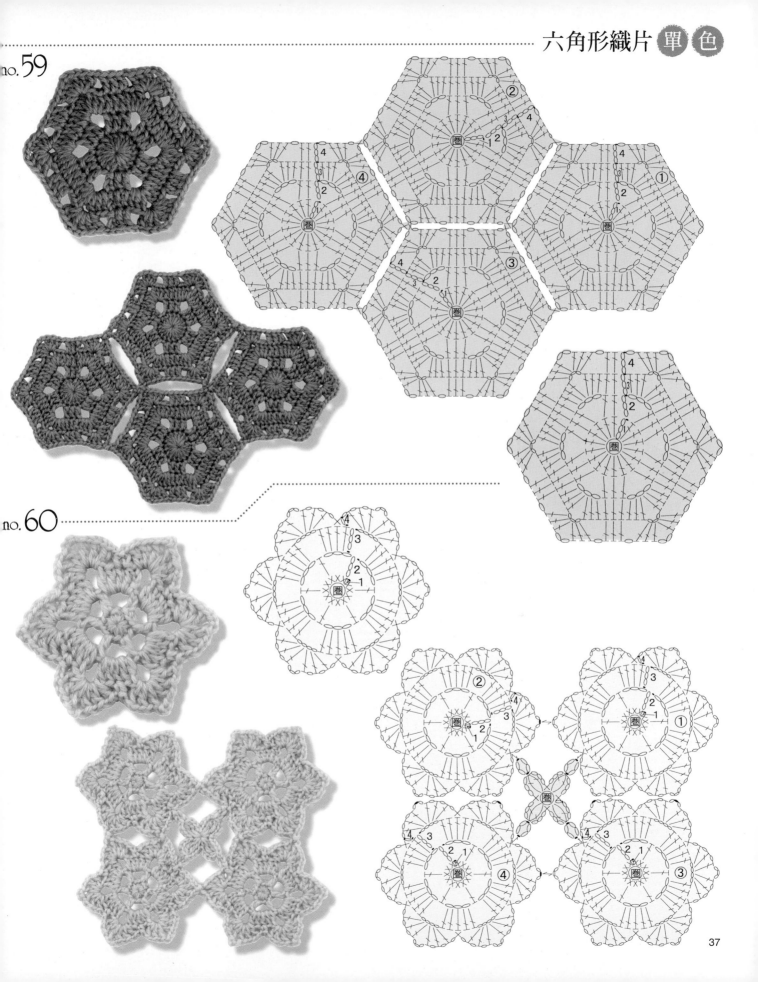

no.60

Hexagon motiff

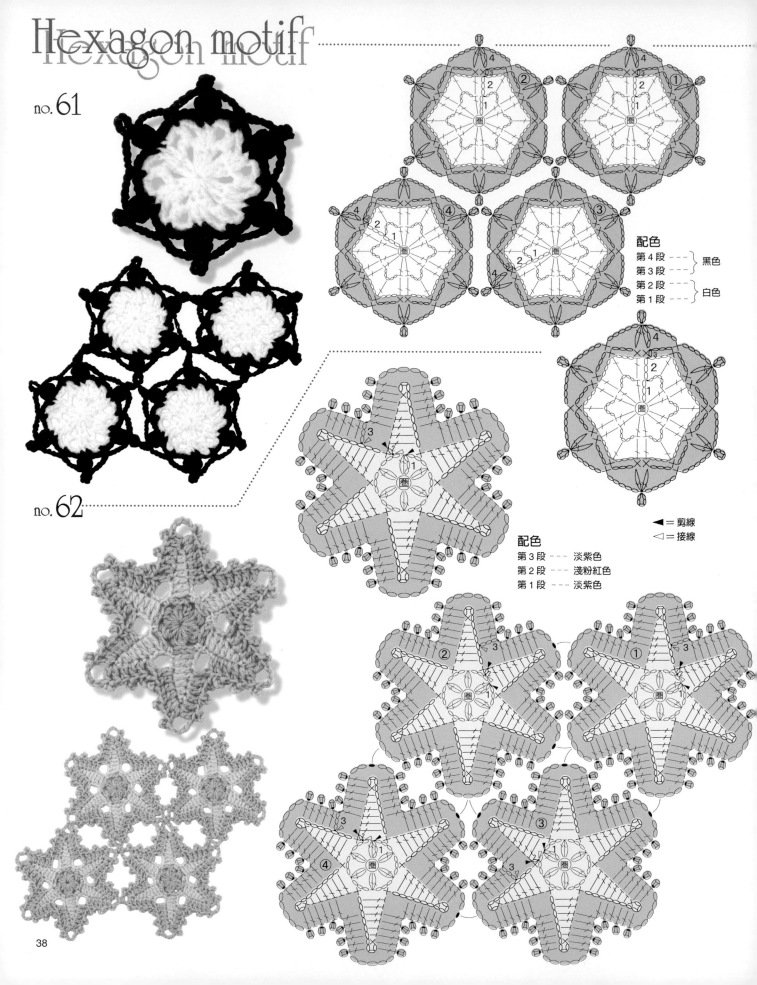

no.61

no.62

配色
第4段 - - - ┐黑色
第3段 - - - ┘
第2段 - - - ┐白色
第1段 - - - ┘

配色
第3段 - - - 淡紫色
第2段 - - - 淺粉紅色
第1段 - - - 淡紫色

◀ = 剪線
◁ = 接線

no.63

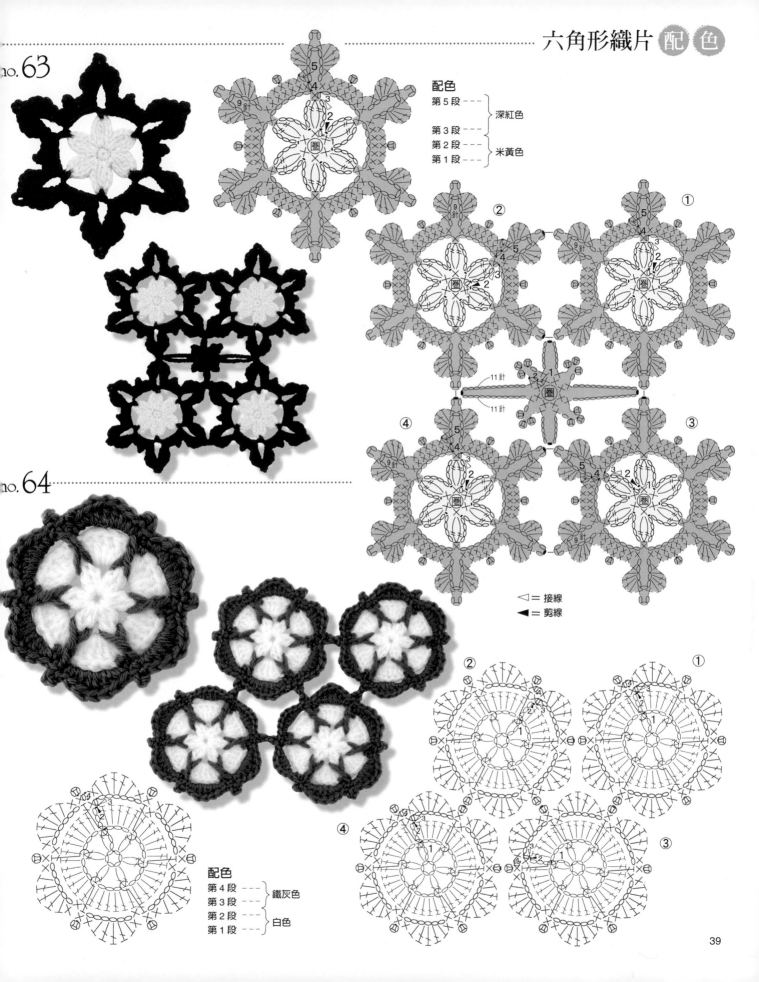

配色
第5段 - - - ┐
　　　　　├ 深紅色
第3段 - - - ┘
第2段 - - - ┐
　　　　　├ 米黃色
第1段 - - - ┘

no.64

◁ = 接線
◀ = 剪線

配色
第4段 - - - ┐ 鐵灰色
第3段 - - - ┘
第2段 - - - ┐ 白色
第1段 - - - ┘

Hexagon motiff

no.65

no.66

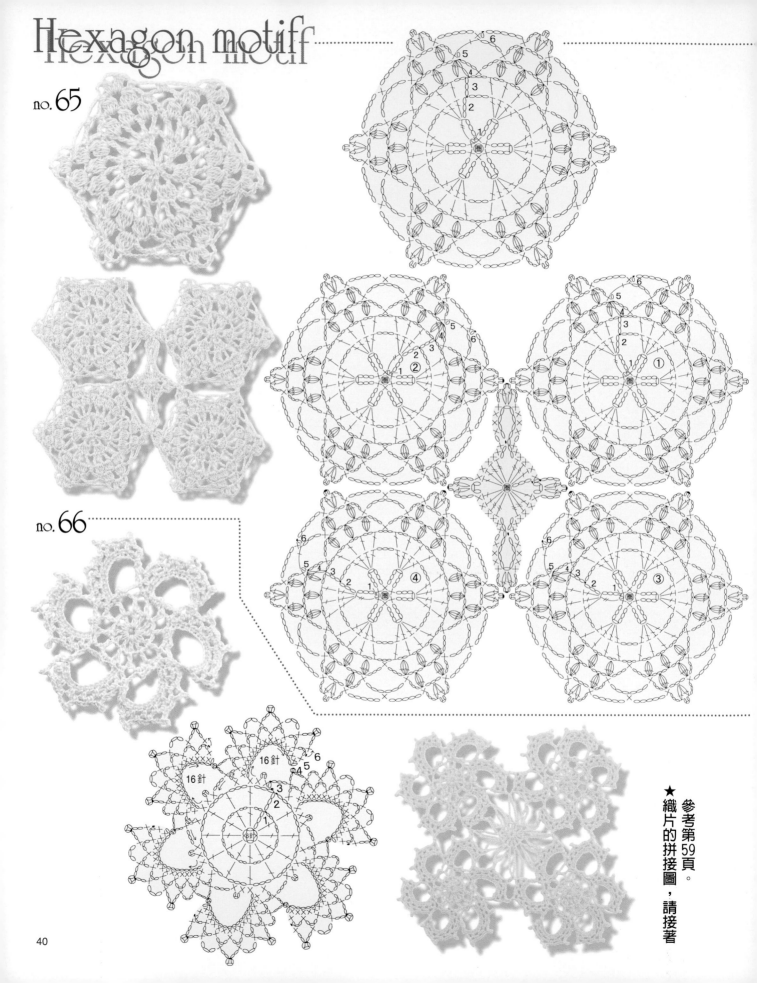

16針

16針

★參考第59頁。
織片的拼接圖，請接著

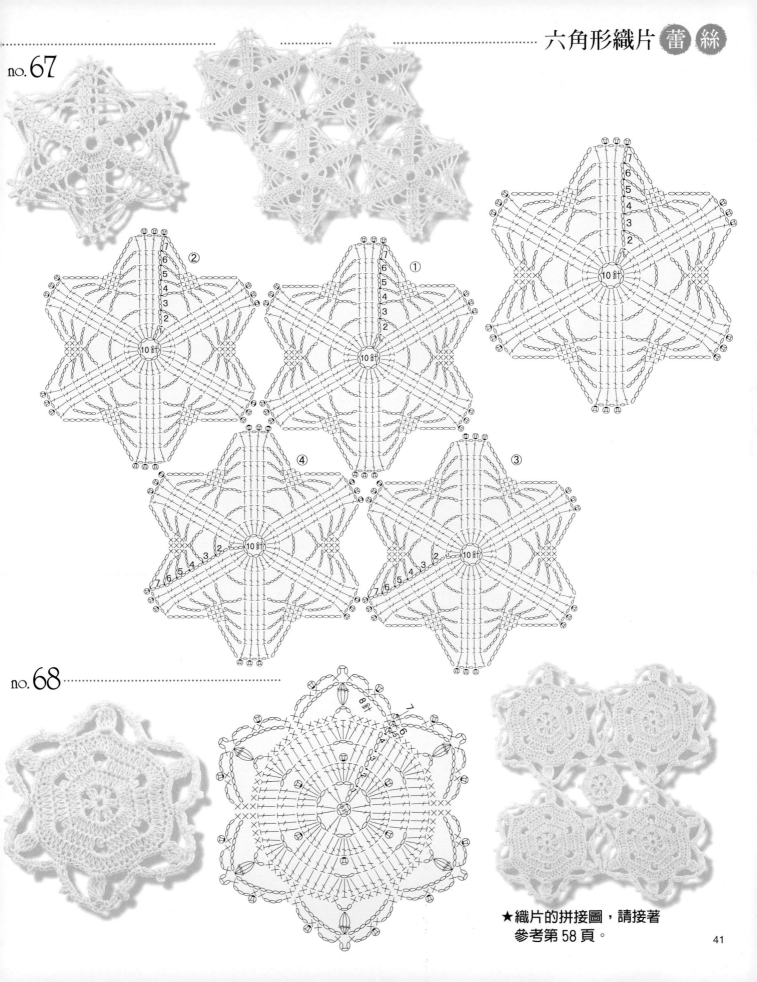

no.67

no.68

★織片的拼接圖，請接著
參考第58頁。

Octagon motiff

八角形織片

八角形織片的感覺與圓形織片很像，所以也很適合製成各種墊子或杯墊。此外，這種織片看來華麗，也常被用於服裝設計。

no.69

單 色

墊子

將12片的八角形織片拼接所設計而成的墊子。選用中細毛線的自然色，營造出田園風格。

no.69

墊子

材料…日本 HAMANAKA 純毛中細線（40g 線團・約 160m）褐色（8）25g
工具…日本 HAMANAKA 樂樂單頭鉤針（金屬製）4/0 號
完成尺寸…寬 21.8cm 長 27.4cm
編織重點…使用 1 條線鉤織

◎ 織片 A 是先做起針圈，再開始鉤織第 1 段，即在起針圈裡重複鉤 8 次「2 長針、2 鎖針」，之後的第 2、3 段則按照圖示鉤織即可。

◎ 第 2 片開始的織片 A，是一邊鉤第 3 段，一邊與第 1 片的織片 A 拼接，然後如圖，依照○裡的數字依序拼接 12 片織片。

◎ 並在各個織片 A 的空隙中，鉤入織片 B。

◎ 最後在整片織片外圍鉤 1 段的裝飾花邊即完成。

墊子 4/0 號針
拼接織片示意圖

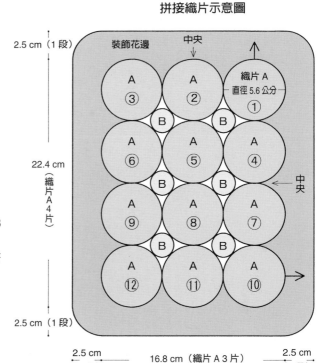

2.5 cm（1 段）

22.4 cm（織片 A 4 片）

2.5 cm（1 段）

2.5 cm（1 段） 16.8 cm（織片 A 3 片） 2.5 cm（1 段）

墊子的鉤法
拼接織片示意圖

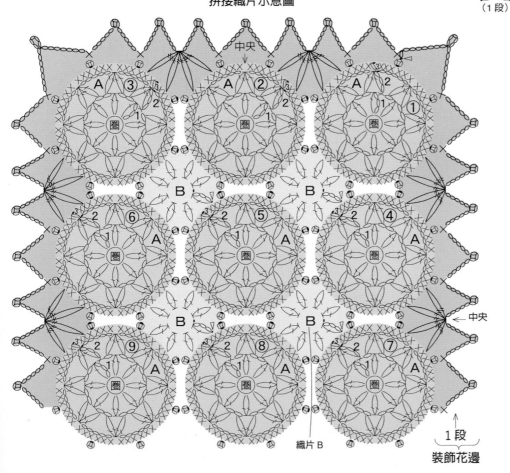

織片 A

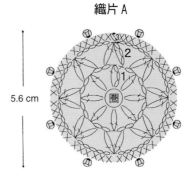

5.6 cm

◁ ＝接線

Octagon motiff

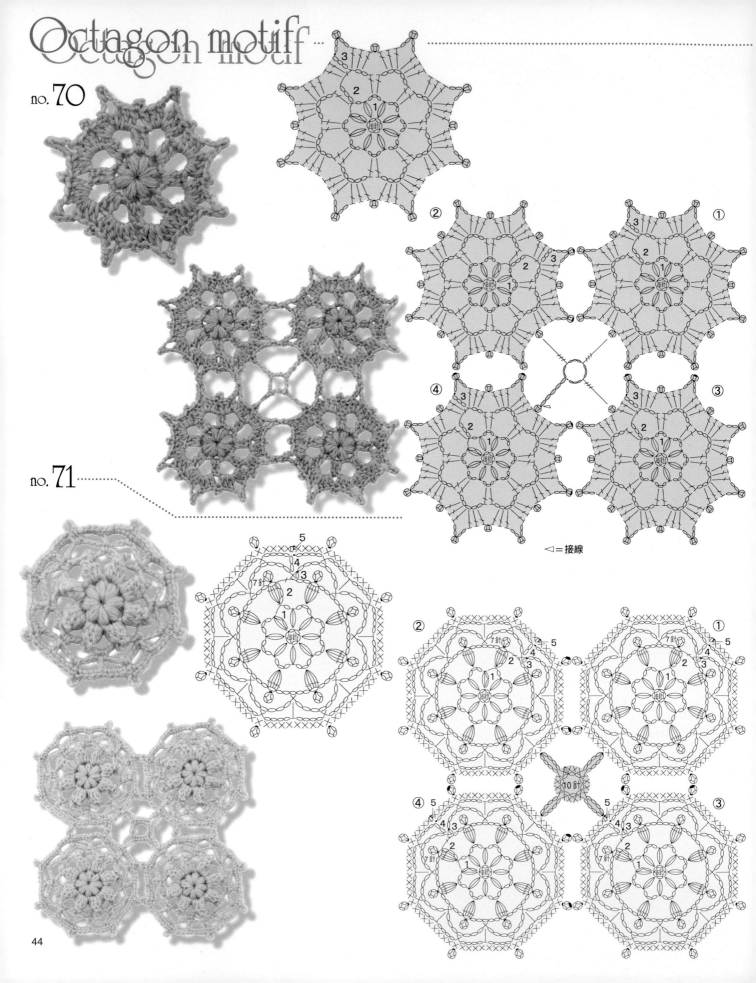

no.70

no.71

◁＝接線

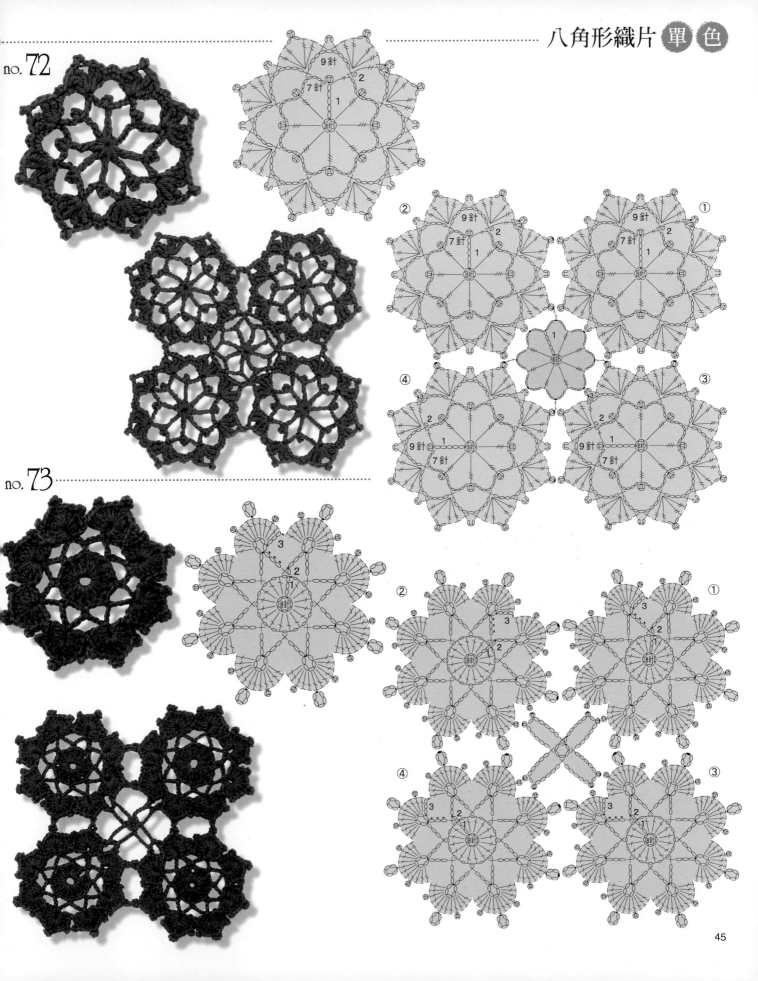

no. 72

9針
7針
2
3
1
8針

② 9針 7針 2 3 1 8針
① 9針 7針 2 3 1 8針
1 8針
④ 2 9針 1 7針 8針
③ 2 9針 1 7針 8針

no. 73

3
2
1
8針

② 3 1 2 8針
① 3 2 1 8針
④ 3 2 1 8針
③ 3 2 1 8針

Octagon motiff

no. 74

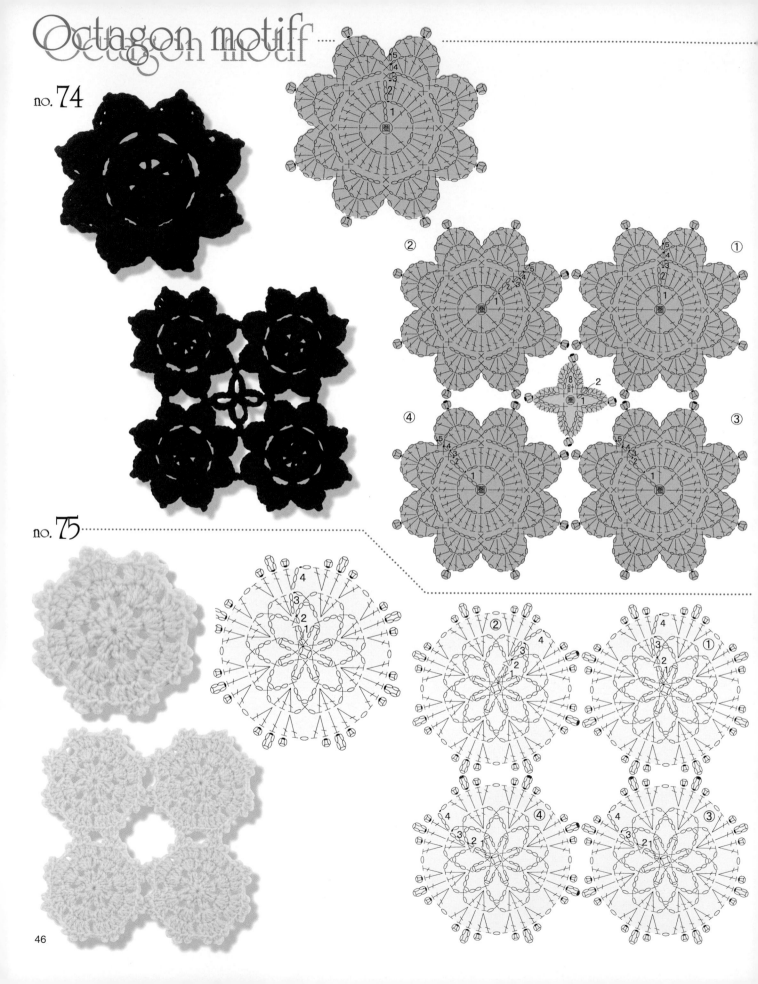

no. 75

no. 76

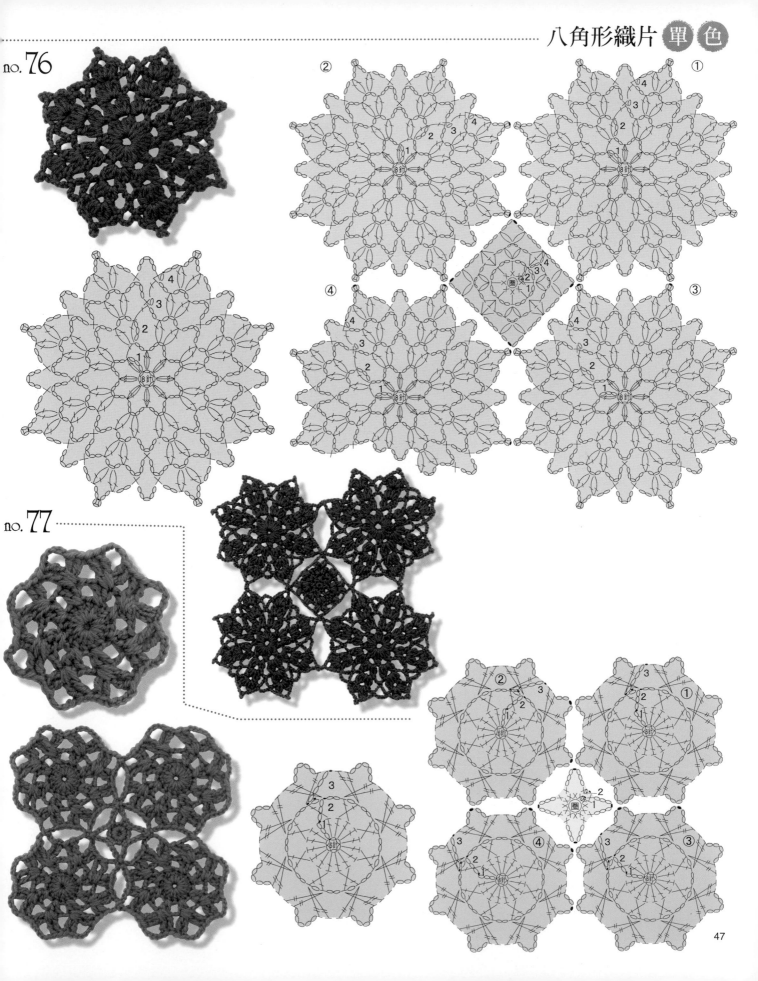

no. 77

Octagon motiff

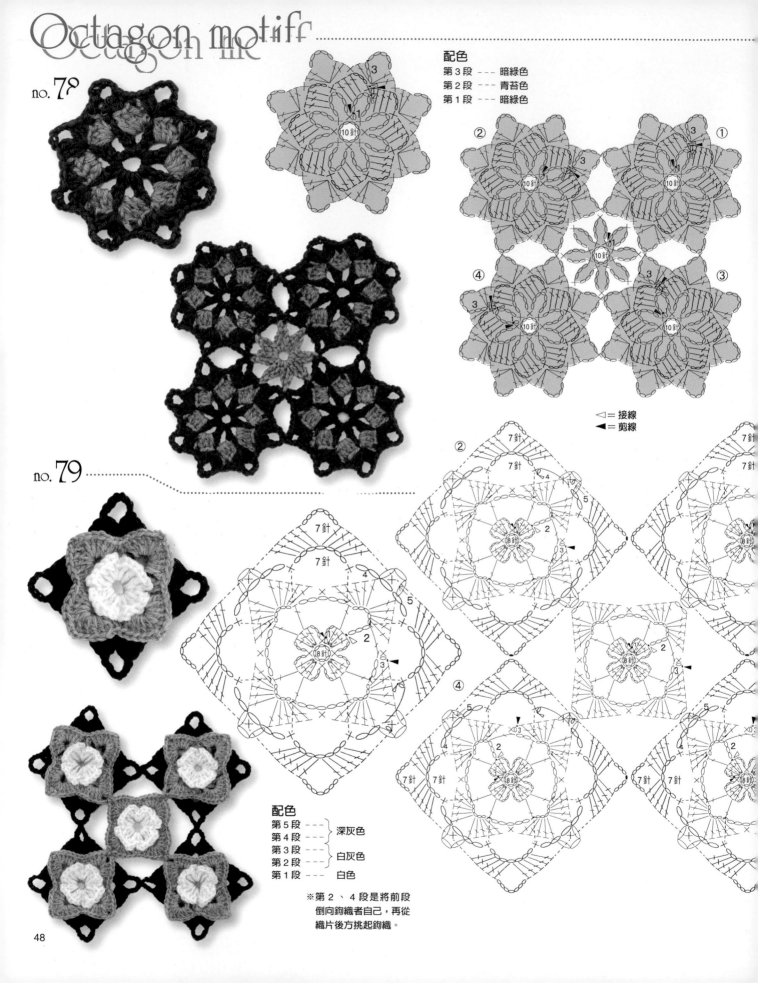

no. 78

配色
第3段 --- 暗緑色
第2段 --- 青苔色
第1段 --- 暗緑色

① ② ③ ④

10針

◁ = 接線
◀ = 剪線

no. 79

配色
第5段 --- ┐
第4段 --- ┘ 深灰色
第3段 --- 白灰色
第2段 --- ┐
第1段 --- ┘ 白色

7針
8針

※第2、4段是將前段
倒向鈎織者自己,再從
織片後方挑起鈎織。

no.80

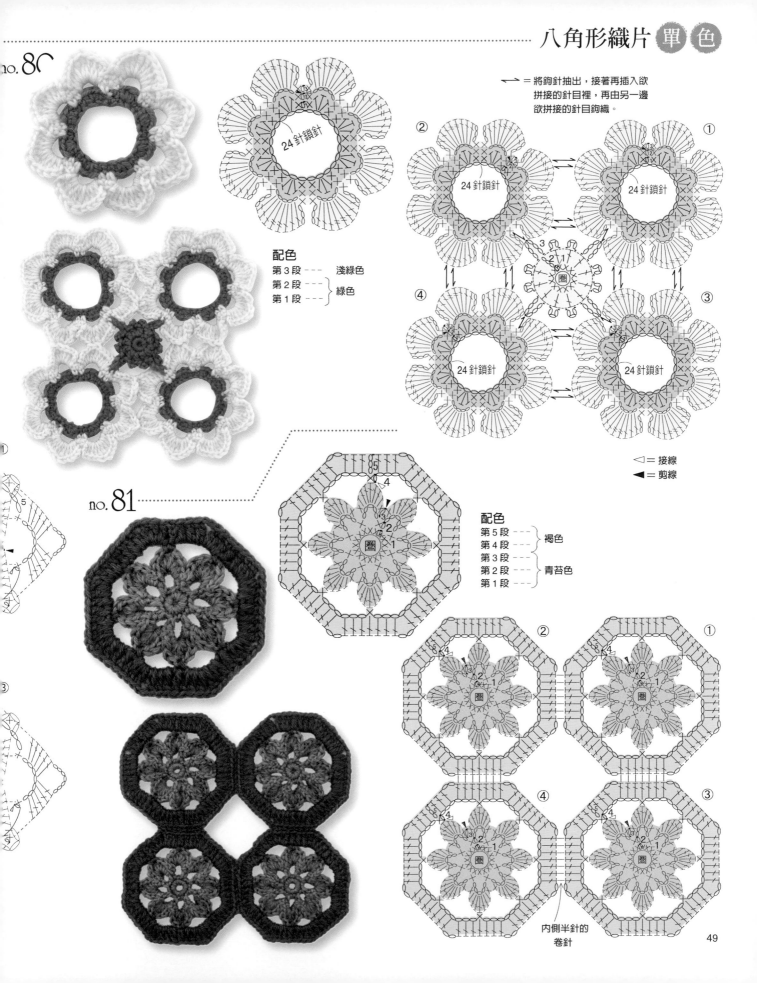

→ = 將鉤針抽出，接著再插入欲拼接的針目裡，再由另一邊欲拼接的針目鉤織。

24 針鎖針

配色
第 3 段 ----- 淺綠色
第 2 段 ----- ⎫
第 1 段 ----- ⎭ 綠色

◁ = 接線
◀ = 剪線

no.81

配色
第 5 段 ----- 褐色
第 4 段 ----- 褐色
第 3 段 ----- ⎫
第 2 段 ----- ⎬ 青苔色
第 1 段 ----- ⎭

內側半針的卷針

no.82

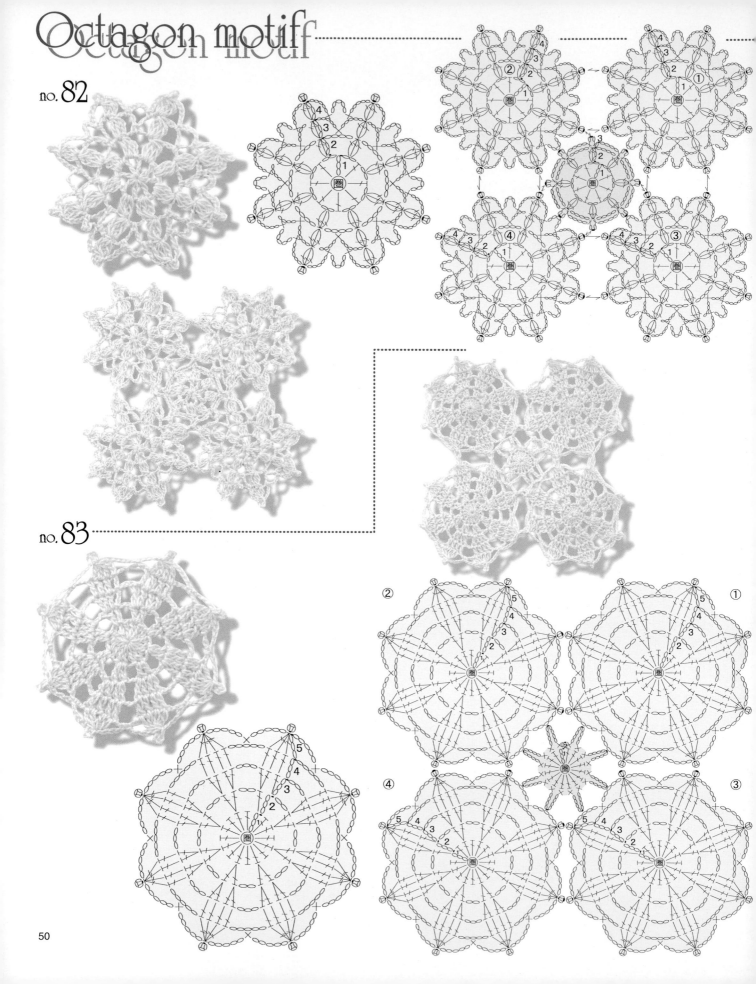

no.83

no.84

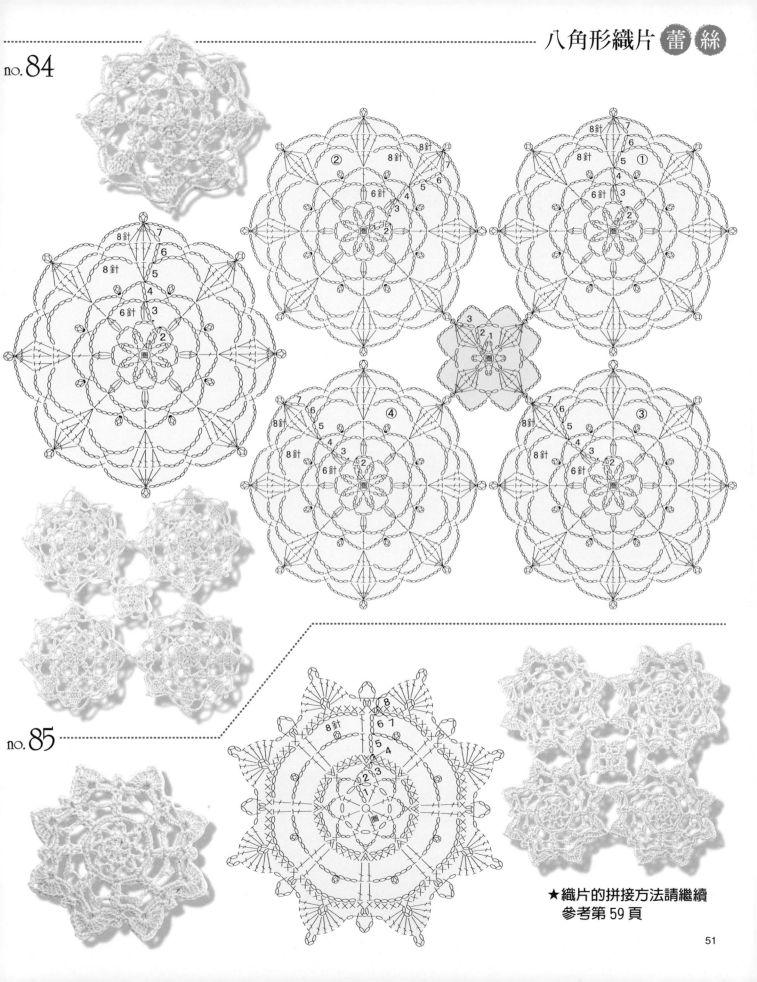

no.85

★織片的拼接方法請繼續
參考第 59 頁

Knitt ring motiff

織環織片

所謂的織環織片就是利用圓形、方形以及三角形的「手工藝用橡膠環圈」編織而成的織片。編織時除了將不同尺寸的圈與各種形狀的環做搭配組合之外，完成後的織片也不易歪斜變形，這是織環織片的優點。也可作爲編織小物或服飾上的裝飾。

no.86

圓 形

乾燥花器的蓋子

利用各種大小的織環編織而成的小和
織片所設計成乾燥花器的蓋子。運用
浪漫的配色，營造出可愛的氣氛……

no.86

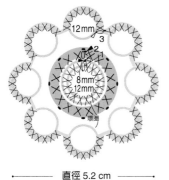

織片 A

織片 B （8片）

直徑 5.2 cm

直徑 4.2 cm

乾燥花器的蓋子

材料…日本 HAMANAKA 純毛中細線（40g 線團‧約 160m）
淡紫色（13）4g 洋紅色（9）2g 雪白色（26）2g
工具…日本 HAMANAKA 樂樂單頭鉤針（金屬製）3/0 號
輔助工具…日本 HAMANAKA 手工藝用織環直徑 8mm/73 個
直徑 12mm/17 個
完成尺寸…直徑 13.6cm
編織重點…使用 1 條線鉤織
◎ 織片 A 是將 8mm 與 12mm 的織環重疊在一起，第 1 段鉤
16 針的短針，第 2 段則是一邊鉤 16 針的短針，再一邊將 8
個 12mm 的織環分別鉤至如圖示的各個位置，再在環圈上
以短針鉤織第 3 段。
◎ 以織片 A 的前兩段鉤織方法同樣鉤織 8 片織片 B。
◎ 織片 B 的第 3 段是在織片 A 的外圍以短針分別各鉤半圈，
如圖般將 8 片織片 B 固定在織片 A 的外圍上，接著第 4 段
是將織片 B 剩下的半圈鉤織完畢，就算完成。

配色
第 4 段 --- ﹜淡紫色
第 3 段 ---
第 2 段 --- 洋紅色
第 1 段 --- 雪白色

乾燥花器的蓋子
拼接織片示意圖 3/0 號針

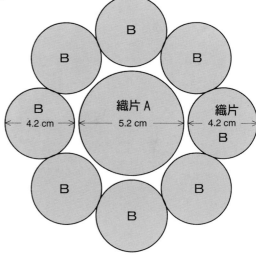

直徑 13.6 cm

※織片 B 的外圍(第 3、4 段)是接續著各鉤半圈。

◁ ＝接線
◀ ＝剪線

拼接織片 A、B 的織法

織片 B （8片）

織片 A （1片）

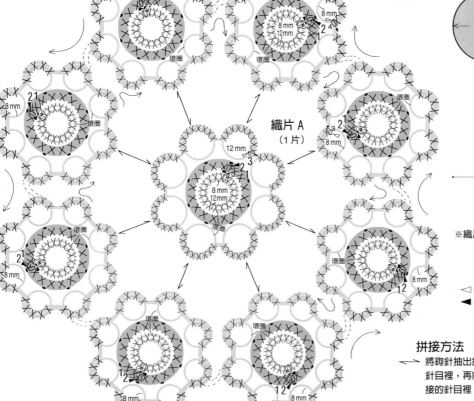

拼接方法
→ 將鉤針抽出針目，再插入欲拼接的
針目裡，再將鉤針穿入另一個欲拼
接的針目裡，鉤短針。

Knit ring motiff

no.87

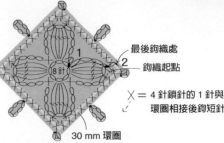

最後鉤織處
鉤織起點

✕ = 4 針鎖針的 1 針與
環圈相接後鉤短針

30 mm 環圈

※ 從鉤織起點處先鉤織 4 針鎖針後,再鉤 8 針鎖針當作中央圈,由此編織第一段。第 2 段則是順著織環鉤織。

no.88

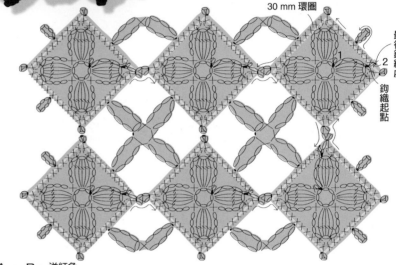

30 mm 環圈

最後鉤織處
鉤織起點

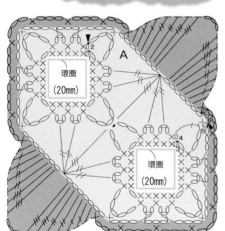

配色

第6段 - - -	A・B = 洋紅色
第5段 - - -	
第4段 - - -	A = 淺粉紅
第3段 - - -	
第2段 - - -	B = 白色
第1段 - - -	

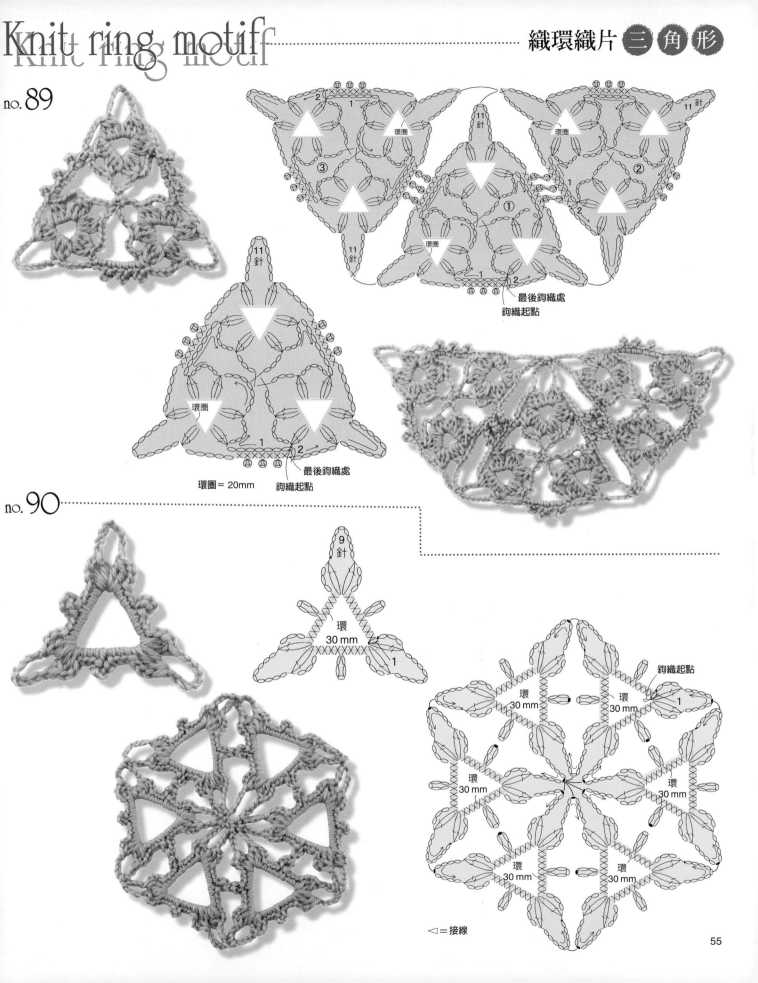

no.89

11針

環圈

11針

環圈

11針

環圈

最後鉤織處
鉤織起點

11針

環圈

1

2

最後鉤織處
鉤織起點

環圈＝20mm

no.90

9針

環
30 mm

1

環
30 mm

環
30 mm

環
30 mm

環
30 mm

環
30 mm

環
30 mm

鉤織起點

1

◁＝接線

Flower & leaf motiff

花形與葉形的織片

可將花形與葉形的織片運用於衣服或隨身小物上，做爲貼花的設計，若想呈現出鏤空織繡感時，也可將織片鑲嵌入衣物上或使造型立體。此外，還可將此類織片作成胸花飾品等，增加作品的實用度。

no.91

no.92

no.93

no.94

no.95

織法／58頁

56

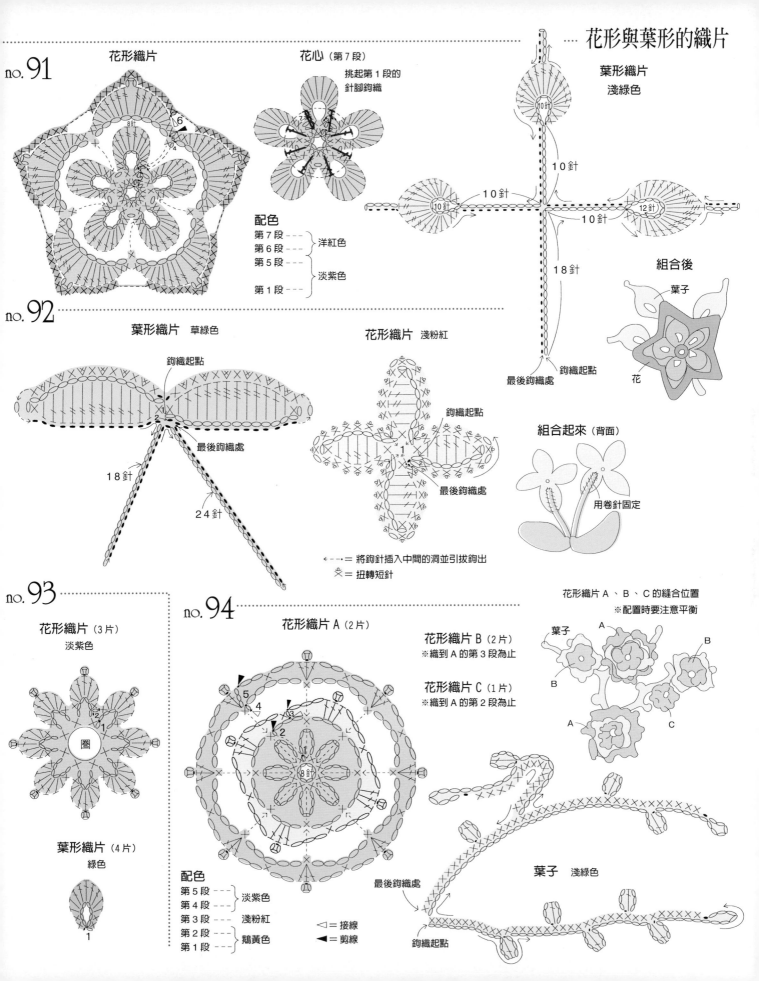

no.91

花形織片

花心（第7段）
挑起第1段的
針腳鉤織

葉形織片
淺綠色

8針
6
4

10針

10針
10針

10針
18針

12針

配色
第7段 ---- 洋紅色
第6段 ----
第5段 ---- 淡紫色
第1段 ----

組合後
葉子
花

no.92

葉形織片　草綠色
鉤織起點
2
最後鉤織處
18針
24針

花形織片　淺粉紅
鉤織起點
1
最後鉤織處

最後鉤織處
鉤織起點

組合起來（背面）
用卷針固定

←--· = 將鉤針插入中間的洞並引拔鉤出
✕ = 扭轉短針

no.93

花形織片（3片）
淡紫色
2
1
圈

葉形織片（4片）
綠色
1

no.94

花形織片A（2片）
5
4
3
2
8針

花形織片B（2片）
※織到A的第3段為止

花形織片C（1片）
※織到A的第2段為止

花形織片A、B、C的縫合位置
※配置時要注意平衡
葉子
A
B
B
A
C

配色
第5段 ---- 淡紫色
第4段 ----
第3段 ---- 淺粉紅
第2段 ---- 鵝黃色
第1段 ----

◁ = 接線
◀ = 剪線

最後鉤織處

葉子　淺綠色

鉤織起點

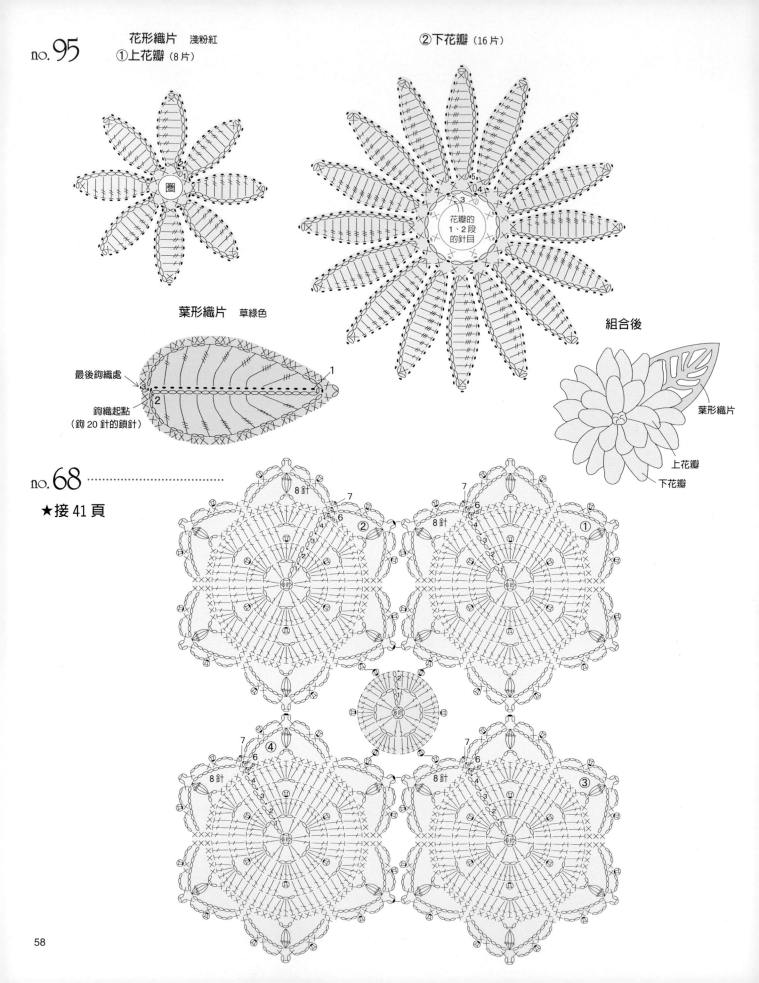

no.95

花形織片　淺粉紅
①上花瓣（8片）

②下花瓣（16片）

圈

花瓣的
1、2段
的針目

葉形織片　草綠色

最後鉤織處
鉤織起點
（鉤20針的鎖針）

組合後

葉形織片

上花瓣

下花瓣

no.68

★接41頁

8針

8針

8針

8針

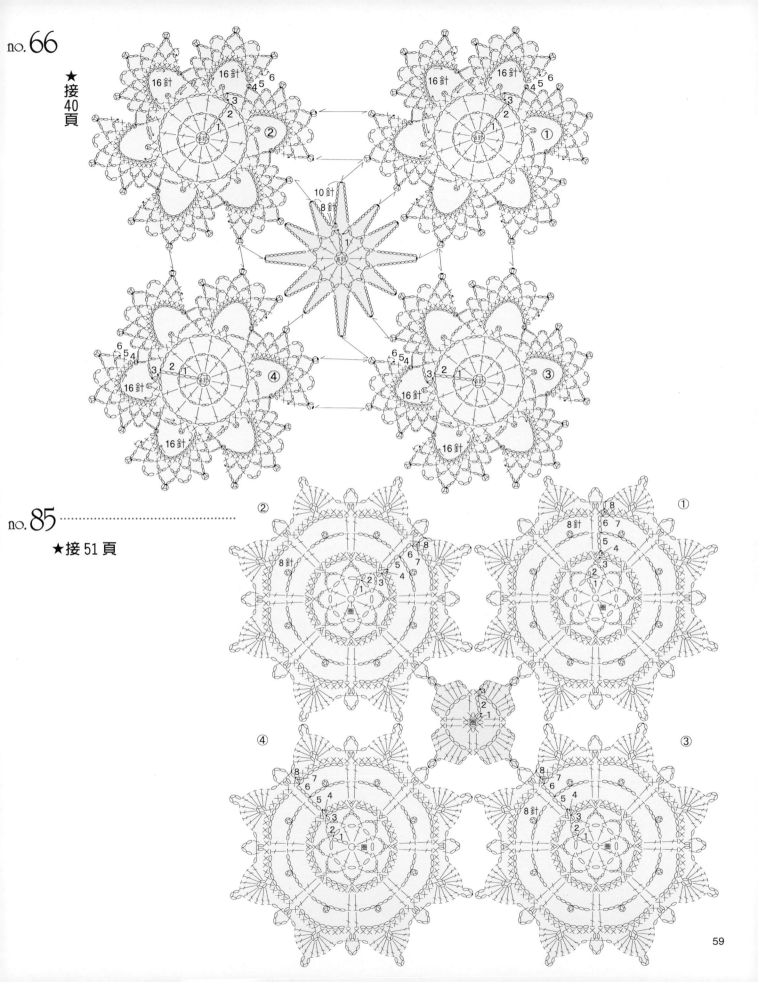

★接40頁

no.85 ··

★接51頁

滾邊

滾邊多作為衣服或手帕等小物的裝飾邊，不僅能提高作品的完整度，也能增添華麗感……

no.96

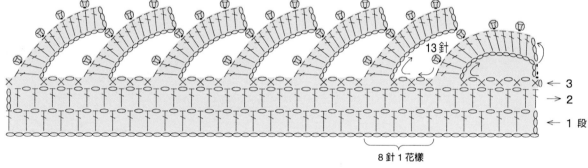

13針

← 3
→ 2
← 1 段

8針1花樣

no.97

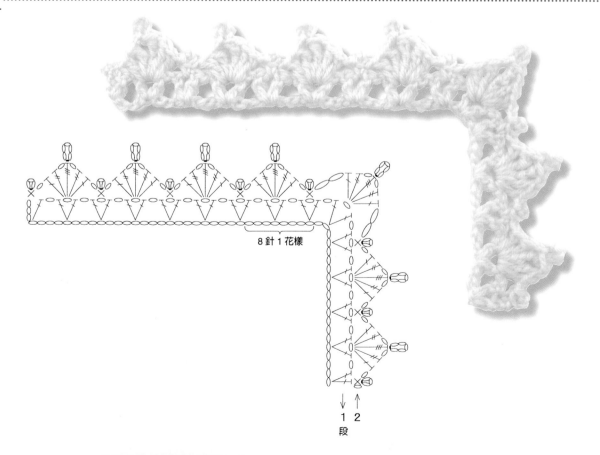

8針1花樣

1 2
段

no. 98

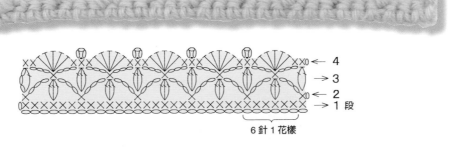

→ 5
→ 4
→ 3
→ 2
← 1 段

4 針 1 花樣

no. 99

← 5
→ 4
← 3
→ 2
← 1 段

6 針 1 花樣

no. 100

← 4
→ 3
← 2
→ 1 段

6 針 1 花樣

起針圈

●鎖針的起針圈

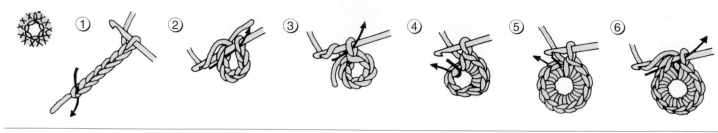

●將線捲2圈的起針圈

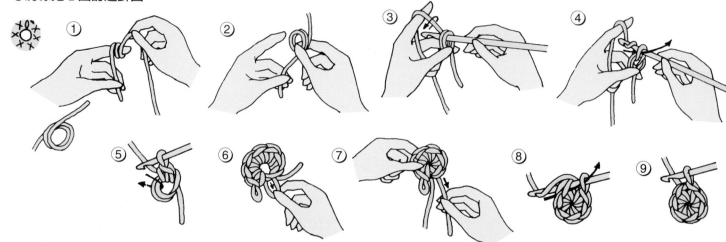

針目記號（JIS）的名稱與織法

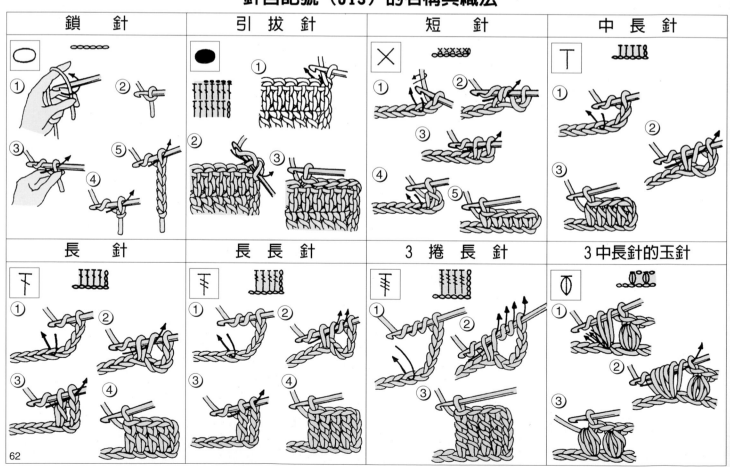

| 鎖 針 | 引 拔 針 | 短 針 | 中 長 針 |
| 長 針 | 長 長 針 | 3 捲 長 針 | 3中長針的玉針 |

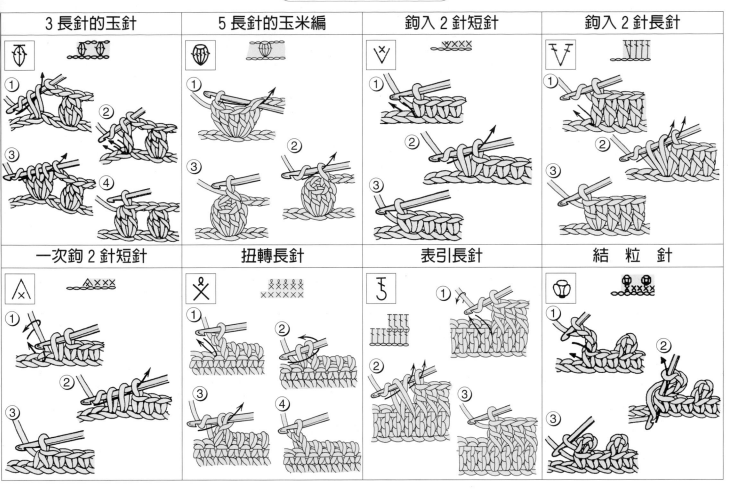

3 長針的玉針	5 長針的玉米編	鉤入 2 針短針	鉤入 2 針長針

織片的拼接方法

以織片的最終段拼接的方法⋯完成第 1 片織片，確認第 2 片開始拼接的部份後連接起來。

●用引拔針拼接

將鉤針抽出，從欲拼接織片的正面插進去，再引拔鉤至正面。這方法也適用於短針或長針。

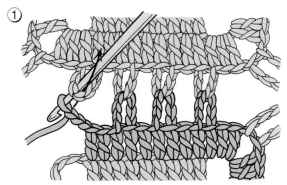

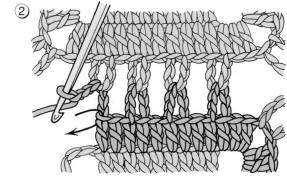

●用短針拼接

將鉤針插入欲拼接織片的背面，並鉤短針。除短針外，也常使用網狀編織或結粒針來拼接。

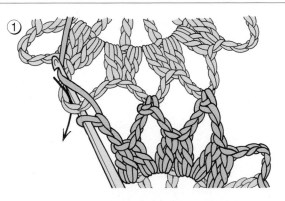

將織片用斜縫針的方法拼接… 用縫針挑起針目上的鎖針內側的 1 條並作交叉縫合。
除長針外，也適用於短針、中長針等，用途極廣。

將正、背面疊好，挑起 1 條鎖針內側的半針（長針）

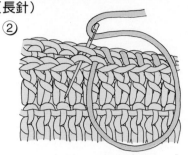

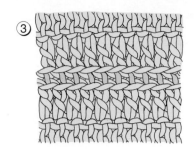

織片間空隙的填補法

織片的空隙過大時，作品就會不牢靠，這時就要用鎖針或長針將空隙填補起來，使作品穩定。

A 從四片織片中央處朝各個織片的方向，鉤短針、鎖針與引拔針來填補空隙。

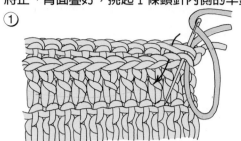

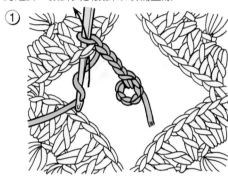

B 從四片織片中央處朝各個織片的方向，鉤短針、鎖針與短針來填補空隙。

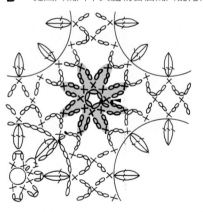

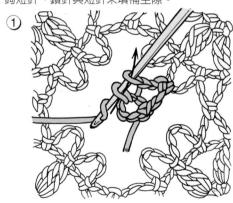

C 從織片朝中央處，鉤長長針來填補空隙。

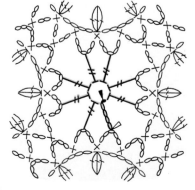

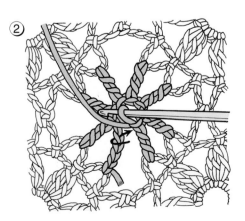

初版一刷／2009 年 2 月　二刷／2010 年 1 月